Die Augen des Dschungels

Im Reich des Indischen Tigers

Idee und Fotos von Thorsten Milse
Text von Uta Henschel

BUCHER

Inhalt

Vorwort

Tiger! Tiger! Feuerspracht,
in der Dschungeln dunkler Nacht:
Welches Aug', welch' ew'ge Hand
formten deines Schreckens Brand?

Die ersten Zeilen des Gedichts von William Blake, obwohl schon vor zweihundert Jahren geschrieben, sind in England populär und werden oft und gern zitiert.

Woher stammte Ende des 18. Jahrhunderts die Vorstellung der angsteinflößenden Raubkatze? Indische Tiger waren zu jener Zeit die Attraktion in Wanderzirkussen. Schaudernd standen die Besucher vor Käfigen mit den vermeintlichen Bestien, und ein Zeitzeuge schreibt: »Das habgierigste und gnadenloseste aller fleischfressenden Tiere ... wild und kämpferisch ohne Anlass und hinterhältig ohne Grund, mit unstillbarer Gier nach Blut.«

Der Zeitgeist kreiert ein Monster, William Blake hingegen beschreibt eine Kreatur, deren Schönheit ihn ebenso in den Bann schlägt wie deren Gefährlichkeit. Wie in einem Moment intuitiven Verstehens skizziert Blake die Persönlichkeit der Wildkatze, fragt er nach der schöpferischen Intelligenz hinter einem Lebewesen von solch irritierendem Zauber.

Gedichte über den Tiger schreiben weder Thorsten Milse noch Uta Henschel, die Autoren dieses Buches. Ehrerbietung erweisen sie ihm dennoch.

Thorsten Milse nimmt die Kamera zu Hilfe, um einem herrlichen Tier in einem visuellen Epos zu huldigen, Uta Henschel beschreibt bestechend faktenreich, klug und differenziert die Lebenssituation des Tigers im indischen Reservat Bandhavgarh.

Der schwindenden Tigerpopulation die nötige Aufmerksamkeit zu verschaffen, ist beiden Autoren eine Herzensangelegenheit. Um die Raubkatze aufzuspüren, musste sich Milse während vieler Aufenthalte in quälender Geduld üben. Denn alles, was wichtig ist im Tigerleben, geschieht meist heimlich. Dennoch ist es dem Fotografen gelungen, betörend schöne Fotos zu machen. Bilder, die anrühren, begeistern und Mitgefühl hervorrufen.

Damit die Sorge um das Überleben der großen Katzen nicht nur in purer Sehnsucht endet, braucht es die flammende Neugier von Uta Henschel bei der Recherche vor Ort und ihre kühle Einschätzung beim Beschreiben möglicher Rettungsmaßnahmen.

Die Fürsprecher bedrohter Arten sind chronisch dem Verdacht ausgesetzt, ein bisschen sentimental oder gar irrational zu sein. Aber in einer verknüpften Welt, im viel zitierten globalen Dorf, sind vielleicht diejenigen hellsichtig, die nüchtern darauf verweisen, welche Abhängigkeiten bestehen zwischen dem Daseinsrecht von Pandas, Eisbären oder Tigern und der Lebensqualität der Menschen. Wo um einer charismatischen Art willen Wildnisse respketiert werden, bleiben Ressourcen wie Wasser und Waldgesellschaften erhalten, von denen Menschen künftig profitieren werden, ob in Indien oder anderswo auf der Welt.

William Blake entwickelte zu Beginn des 19. Jahrhunderts eine naturnahe Spiritualität. Er hegte tiefes Misstrauen gegen den aufkommenden Materialismus und schrieb: »Die Menschen kommen nicht in den Himmel, weil sie ihre Leidenschaften gezügelt und besiegt oder gar keine Leidenschaften haben, sondern weil sie ihr Verständnis der Dinge kultivieren.«

Uta Henschel und Thorsten Milse fördern mit ihrer Arbeit unser Verständnis für den Tiger und den Wert der Natur.

Christiane Breustedt
Chefredakteurin GEO International

Der rote Teppich

↖ Raj Bhera Meadow

↑ Suki Patia Meadow

→ Bandhavgarh Fort

»Und?« lautet eine typische Begrüßungsformel zwischen Besuchern im indischen Bandhavgarh. Oder: »Haben Sie schon einen gesehen?« Und: »Wie viele haben Sie gesehen?« So tauscht man sich aus an der Rezeption der Lodge; vor dem Eingangstor zum Reservat von einem auf Einlass wartenden Jeep zum anderen; und abends, nach der Rückkehr aus dem Dschungel, in der Hand einen kühlen Drink.

Die Fragen gelten, immer und ausschließlich, den Tigern des Tala-Gebiets im 694 Quadratkilometer großen Bandhavgarh Tiger Reserve (Karte Seite 171). Kein Wunder: Zwar preisen die Webseiten über Bandhavgarh die Fülle der Naturschätze im ehemaligen Jagdgebiet des Maharadschas von Rewa, die 32 bewaldeten Hügel, die 20 Flüsse, die 37 Säugetier-, 70 Schmetterlings- und 250 Vogelarten. Aber allein um ihretwillen würde wohl niemand mehrere 1000 Kilometer weit fliegen, anschließend im Schlafwagen des Gondwana-Express durch die Nacht rattern und schließlich stundenlang mit dem Bus oder Taxi anreisen.

Leoparden, Lippenbären, Rothunde, Wölfe, Rohrkatzen, Indische Zibetkatzen, Fleckenmusangs, Streifenhyänen, Goldschakale, Hanuman-Languren, Rhesusaffen, Axishirsche, Sambarhirsche, Muntjaks sind klangvolle Namen im Katalog der Vielfalt, doch kaum mehr als Zugaben, exotische Garnitur, nur der rote Teppich für den eigentlichen Star. Erst *Panthera tigris* macht Bandhavgarh zum Wildlife-Mekka – er und die Verheißung, dass es beinahe unvermeidlich ist, ihn, den Prächtigsten und Mächtigsten unter allen Feliden der Erde, auch leibhaftig zu sehen. Denn nirgendwo sonst in Indien, locken die www-Adressen, leben mehr Exemplare dieser Spezies pro Flächeneinheit beieinander. Wer hierher kommt, um Tiger zu sehen, so die Botschaft, macht es richtig.

Entsprechend hoch gespannt ist die Erwartung aller neu Eintreffenden im Bandhavgarh-Nationalpark, der das Tala-Tigerreservat umfängt wie die kostbare Fassung einen funkelnden Edelstein.

Entsprechend groß ist die Ungeduld, nach der langen Anreise zügig belohnt zu werden und am besten gleich bei der ersten Fahrt in den Park, möglichst hinter der nächsten Wegbiegung einem der schönen Beutegreifer zu begegnen.

Stattdessen merken viele Besucher schon beim Anblick des Dschungels, dass hier manches anders sein wird als erwartet: So viel Helligkeit überall – darauf sind sie nicht gefasst. Wo ist das Dämmerlicht unter dem dichten Kronendach? Wo sind die regentriefenden Flechten, wo die moosbedeckten modernden Urwaldriesen? Suchend streifen die Blicke der Fremden umher, fahnden nach dem Bild, das zum Dschungel ihrer Phantasie passt.

Doch das Hindi-Wort »Jangal«, das wir mit »Dschungel« übersetzen, meint nicht den Regenwald. Es legt sich überhaupt nicht fest auf einen einzelnen Biotop, sondern definiert eher philosophisch die Wildnis schlechthin. Jangal bedeutet Kultur-Ferne, bezeichnet einen nicht geheuren Ort der Unordnung, des wuchernden Wachstums, wo das Ungezähmte haust und den Menschen bedroht. Dschungel ist ein Wort für die unkontrollierte Natur.

Unter dem heiteren blauen Nachmittagshimmel wirkt der Dschungel von Bandhavgar jedoch beinahe idyllisch. Rechts und links des Jeeps schwanken im Schütteltakt der tief ausgefahrenen Spurrillen die lichten Wälder vorbei; die goldfunkelnden Grasebenen, die weich in ihren raunenden Schilfbetten schwingenden Flussläufe, die Bachkatarakte, über deren Felsstufen der Sonnenschein in die Tiefe schäumt, und der breite Höhenzug des Bandhavgarh-Plateaus, an dessen Abstürzen weiße Kotfahnen die Nistmulden der Geier verraten.

Jamunia ←

Nah wie zum Greifen hocken neben dem Fahrweg Familienclans silberhaariger Hanuman-Languren. Rhesusaffen schwingen durch die Äste und blicken hinab auf den Jeep, aus dem sich die Gesichter der Fahrgäste nach ihnen heben. Halsbandsittiche landen als kreischender Schwarm in einem schwer an seinen Früchten tragenden Amalaki-Baum, einer indischen Stachelbeere. Ein Pfauenhahn scheucht seinen Harem ins Dickicht und schwingt sich mit einem kurzen Sprungflug hinter ihnen her, den Fächerschweif zur Schleppe gerafft.

Gulhari-Lianen winden ihre hölzernen Endlosschleifen durch die Kronen einer Salbaum-Gruppe. Die Dickichte meterhoher Riesenbambus-Stände beugen ihre elastischen Spitzen bis zum Boden, um aus dem Schatten breitblättriger Wipfel herauszuwachsen, und bilden aus ihren gebündelten Stängeln dunkle Lauben. Eine Gruppe Axishirsche sucht Deckung in einer dieser grünen Höhlen. Eben noch haben die zierlich getüpfelten Huftiere zu Boden fallende Früchte gefressen. Das ist ihr Anteil an der Ernte der Hanuman-Languren, die hoch über ihnen mit gierigen Händen in die Äste greifen und sich nicht darum scheren, was von der Fülle hinabfällt.

Aber solche Szenen fesseln die Tiger-Wallfahrer nur kurz. Wenn bis zum Ende der ersten Fahrt keine gestreifte Katze den Hunger der Pilgeraugen gestillt hat und wenn *Panthera tigris* den Weitgereisten auch bei der dritten und vierten Tour im Jeep keine Audienz gewährt, ist die Enttäuschung bitter. Erst kürzlich

hat ein Gast, der an sieben Tagen glücklos geblieben ist, beim Auschecken sein Geld zurückverlangt. Als hätte das Management geschlampt und den quasi gebuchten Service »Begegnung mit einem indischen Tiger« storniert.

Allzu leicht vergessen Besucher der Wildnis, dass deren tierische Bewohner nicht so verfügbar sind wie ihre Artgenossen im Zoo. Dort kann jeder bis auf wenige Meter an die große gestreifte Katze herantreten, während sie die heißen Stunden des Tages im Schatten verschläft oder rastlos dieselben kurzen Strecken ihres Geheges wieder und wieder abläuft, wie in Trance. Die weichen Ohren mit dem hellen Fleck auf der Rückseite, die muskulösen Schultern, die breiten Pranken und die Kalligrafie ihrer wie ins Fell getuschten Zeichnung lassen sich in Muße betrachten. Gähnt sie den Gaffern ins Gesicht, gönnt sie ihnen einen Blick auf ihre Waffen: die mächtigen Kiefer und die dolchscharfen Zähne.

In den Tiergärten jeder Metropole der Erde begegnen wir Tigern zu unseren Bedingungen, zu denen der menschlichen Zivilisation. Hier jedoch, in Bandhavgarh, begegnen wir ihnen auf eigenem Platz, haben wir die Chance, uns für wenige Tage den Bedingungen des Dschungels zu beugen, um Tiger wenigstens einmal im Naturzustand zu erleben.

Zu ahnen, dass sie uns beobachten, wenn wir vergeblich nach ihnen Ausschau halten, wird uns oft genügen müssen. Manchmal aber schlendern sie den Jeeps auch auf der sandigen Fahrstraße entgegen und legen sich quer über den Weg, um sich eine Stunde lang betrachten und fotografieren zu lassen, als seien sie allein mit sich und den aus den Bäumen schallenden Scheltrufen der Languren und Rhesusaffen.

Fest steht: Es ist nicht immer leicht, die Alpha-Räuber zu sehen. Selbst dann nicht, wenn sie vor unseren Augen im hohen Gras ruhen, hinter einem Bambusdickicht lauern oder durch den mit Sonnenflecken gesprenkelten Dschun-

gel streifen. Denn die Wahrnehmung, die wir aus unserem zivilisierten Alltag mitbringen, ist vor allem darin geübt, das zu unterscheiden, was für uns wichtig ist: Gesichter zum Beispiel, Autos, Häuser, Warnschilder, Plakate, Pixel. Wir achten auf klare Konturen, auf deutliche Muster. Wir erkennen, was wir kennen.

Im Dschungel dagegen, wo Helligkeit und Schatten die Umrisse auflösen, wo Blätter, Halme und Gewässer mit dem Spiel des Lichts ihre Form wechseln und bei jeder Brise funkelnde Reflexe schleudern, treffen wir auf Unbekanntes,

Raj Bhera ←

Jamunia ↑

↑ Charanganga

→ Chakradhara Meadow

auf eine Landschaft aus optischen Täuschungen. Sie narrt uns mit Trugbildern. Wir entdecken Tiger, wo nichts weiter ist als vergilbte Vegetation. Umgekehrt streifen unsere Blicke gleichmütig hinweg über ein paar dunkle Zweige vor gelbem Grund und übersehen die gelassen am Rand einer Lichtung liegende Raubkatze, deren flackernde Fellzeichnung mit den Sträuchern im Hintergrund verschmilzt.

Doch Tiger vertrauen nicht nur auf ihre Tarnung, auf das unverwechselbare Muster, mit dem jedes Tier auf die Welt kommt.

Ihr Talent, sich unsichtbar zu machen und bewegungslos auf den Moment des Angriffs zu lauern, ist eine eingeübte Strategie und gehört zu den Erfolgsgeheimnissen, mit denen die Evolution, die Mutter aller Erfindungen, die mächtigen Fleischfresser ausgestattet hat. Tiger gehören zweifellos zu ihren kühnsten Entwürfen, aber auch zu denen, in die sie beträchtlichen Aufwand und noch mehr Zeit investiert hat, ehe die großen Raubtiere so vollendet waren, wie wir sie heute erleben.

Mächtige Plattenverschiebungen waren zum Beispiel nötig, ehe der indische Subkontinent – und mit ihm das Tigerland Bandhavgarhs – überhaupt dort eintrafen, wo sie sich heute befinden. Vor 200 Millionen Jahren war nämlich die Landmasse, aus der einmal Indien werden sollte, noch Teil eines gewaltigen, auf der Südhalbkugel stationierten Superkontinents, Gondwana genannt. Was wir mittlerweile als Australien, die Antarktis, Südamerika und Afrika kennen, gehörte ebenfalls zu dieser Fusion. Erst als gewaltige Magma-Auftriebe aus den Tiefen der Erde diesen Verband auseinanderbrechen ließen, ging eines der Trümmerstücke auf Kollisionskurs in Richtung Eurasien. Mit rekordverdächtigen 20 Zentimetern pro Jahr, einem für geologische Verhältnisse rasanten Tempo, prallte der künftige Indien-Brocken vor 40 Millionen Jahren gegen den eurasischen Kontinent und schob entlang der Knautschzone unvorstellbare Gesteinsmassen zu den Wolken empor.

Dieser Prozess ist keineswegs abgeschlossen. Daher wächst der Himalaya bis heute weiter, ein junges Ding von einem Gebirge, verglichen mit den unermesslich alten, verwitterten Kuppen und zerfurchten Sandsteinklippen von Bandhavgarh, die irgendwann in grauester Vorzeit aus Gondwana-Material geformt wurden. Die Bezeichnung Gondwana ist von der gleichnamigen indischen Region entlehnt worden, in der die dynamische Vorgeschichte des Urkontinents zum ersten Mal entschlüsselt wurde.

Etwa zur selben Zeit, als das Gondwana-Bruchstück an Eurasien andockte, tummelten sich dort die Miaciden, die als Vorfahren der Tiger in die engere Wahl kommen. Noch sahen sie nach nichts aus, so die übereinstimmende Meinung der Experten, waren wieselklein und lebten mal in Bäumen, mal am Boden. Doch immerhin: Sie hatten sich schon für einen räuberischen Lebensstil entschieden und lauerten Vögeln, Insekten und Reptilien auf. Experten, die in versteinerten Überresten lesen wie in einem offenen Buch, erkannten, dass Miaciden – klein, aber oho – bereits damals das Zeug zu etwas Großartigem besaßen, nämlich ihre als Fossilien erhalten gebliebenen Reißzähne. Tatsächlich sind sie Miniaturausgaben jener scherenden und schneidenden Werkzeuge, mit denen moderne Tiger ihre Beute zerlegen, ehe sie deren Fleisch Stück für Stück hinunterschlingen.

Aber bis zur furchterregenden Maximalausgabe war noch ein weiter Weg. Sehr lange begnügten sich die frühen Räuber mit einer bescheidenen Rolle im Ökosystem. Selbst *Proailurus*, die vor 30 Millionen Jahren in Frankreich jagende »erste Katze«, kam kaum über das Wieselformat hinaus. Was die Raubtiere dann schließlich dazu trieb, auf L-, XL- und XXL-Größen zu wachsen, waren, so seltsam es sich anhören mag, ausgerechnet die Pflanzen.

Aus zahllosen Funden haben Wissenschaftler hergeleitet, wie anregend Klimaschwankungen auf die frühe Vegetation gewirkt haben. Der Wechsel von Eis- und Warmzeiten, das Fallen und Steigen der Meeresspiegel löste eine Folge grüner Explosionen aus. Blütenpflanzen eroberten sich das von den Ozeanen freigegebene Terrain. Zum ersten Mal machten sich Gräser breit und kolonisierten die Ebenen, bedeckten Prärien, Savannen, Steppen mit ihrem dichten Pelz. Gräser sind vielen anderen Gewächsen überlegen. Bäume und Sträucher zum Beispiel verjüngen sich aus oberirdischen Teilen. Sind sie stark verbissen, brauchen sie lange, um wieder auszutreiben. Neue Halme sprießen

dagegen aus unterirdischen Wurzeln rasch nach und bieten weidenden Tieren praktisch endlos nachwachsende Lebensmittel, ein botanisches Tischleindeckdich.

Pflanzenfresser ließen das enorme Futterangebot nicht ungenutzt verrotten. Die Diversität der Photosynthese betreibenden Pflanzenarten zog eine enorme Diversität von Grünzeugverzehrern nach sich. Sie beantworteten die gute Versorgung mit wachsender Körpergröße und wachsenden Populationen. Bald

→ Raj Bhera

↑ Bathan

→ Thoree →→ Chakradhara

bevölkerten die Vorformen heutiger Großkonsumenten, vor allem Elefanten, Nashörner, Hirsche, Schweine und Rinder die offenen Grasländer und Waldränder. Ihre Zähne passten sich auf unterschiedliche Weise der rauen Kost an und bildeten breite Mahlflächen. Ihre Mägen und Därme bildeten Gärkammern, um die Zellulose zu zerlegen und Nährstoffe zu gewinnen.

Fressen Raubtiere eine durch Grünfutter gemästete Beute, so verleiben sie sich die ursprünglich aus Pflanzen gewonnene Energie ein. Sie ist als Protein und Fett im Gewebe und Blut der Opfer gespeichert. Was Beutegreifer gewinnen, wenn sie sich den Bauch vollschlagen, muss jedoch mehr einbringen als die Jagd sie gekostet hat. Sonst stimmt die Energiebilanz nicht.

Statt vom Fang vieler kleiner Tiere mehr schlecht als recht über die Runden zu kommen, boten die umherstreifenden Herden äsender und weidender Pflanzenfresser den Vorfahren der Tiger neue Anreize: gewachsene Energieportionen, die zum alten Preis zu haben waren, nämlich mit einer einzigen Attacke. Dabei kam den Räubern die Technik zugute, die sie während ihrer Anfänge auf den Bäumen zum Beispiel beim Vogelfang trainiert hatten: der Überraschungsangriff aus dem Hinterhalt, die vernichtende Wucht des Aufpralls, der blitzschnelle Todesbiss.

Bald spezialisierten sich die ehrgeizigsten oder energiehungrigsten unter den frühen Tigern und rissen Beutetiere, die weit größer waren als sie selbst. Den

so erwirtschafteten Überschuss investierten die Raubtiere in die Ernährung ihrer Jungen und in deren Wachstum. Jedes Mal, wenn sie an Format zulegten, eroberten sie sich die nächsthöhere Beute-Liga. Die natürliche Selektion, so formulieren es die Forscher, wenn sie diesen Wendepunkt der *Panthera tigris*-Geschichte kommentieren, begünstigte damals größere Fleischfresser. Das heißt: Die Evolution gab grünes Licht, und vor zwei Millionen Jahren, das belegen die ältesten fossilen Funde, hatten Tiger in etwa ihre heutigen Maße erreicht.

Weil die frühesten Spuren der Spezies *Panthera tigris* in Ostasien gefunden worden sind, gilt diese Region als ihr Ursprung. Doch weiß niemand, wie viele versteinerte Reste noch unentdeckt darauf warten, diese Angabe alt aussehen zu lassen. Dagegen ist unbestreitbar, dass Tiger die Fluktuationen des Klimas locker wegsteckten und, vom Ochotskischen Meer bis zur Osttürkei, ganz Asien und beträchtliche Teile Europas zu ihrem Jagdgebiet machten. Sie nutzten sogar die während der Vereisung auftauchenden Landbrücken und gründeten Populationen auf Japan, Sumatra und Java.

Wie viele Unterarten dabei entstanden sind, ob acht oder drei, ist bis heute umstritten. Manche Wissenschaftler meinen, es handle sich ohnehin ausschließlich um regionale Varianten der einen Art *Panthera tigris*. Dafür spricht, dass Tiger bei der Wahl ihrer Heimatgebiete ungewöhnlich viel Flexibilität bewiesen haben. Wie wenige andere große Säugetiere verkraften sie extreme Gegensätze, eisige Kälte von minus 35 Grad Celsius ebenso wie brütende 48 Grad Celsius Hitze. Sie leben auf Höhe des Meeresspiegels ebenso erfolgreich wie in 3000 Meter hohen Gebirgen. In tropischen Regenwäldern kommen sie ähnlich zurecht wie in Trockenwäldern und in vielen Varianten dazwischen.

Freilich hat ihre Toleranz auch Grenzen. Sie endet, wo ihnen die Deckung fehlt, von der aus sie angreifen; wo die Sonne zu stark scheint, brauchen sie Schatten; und als einziger Katze der *Panthera*-Gruppe ist Wasser für sie nicht

nur zum Durstlöschen gut. Es ist für sie ein Lebenselement, in dem sie baden, spielen, jagen und schwimmen, sogar kilometerweit übers offene Meer.

Bei aller katzenhaften Geschmeidigkeit gibt es jedoch eine Bedingung, die ohne Wenn und Aber erfüllt sein muss, damit die großen Raubtiere in ihren Lebensräumen tatsächlich florieren. Sie heißt: große Mahlzeiten. Seit Tiger sich zu mächtigen Fleischfressern entwickelt und damit auf entsprechende Fleischportionen spezialisiert haben, sind sie auf diesen großspurigen Lebensstil fest-

↑ Jurjuhara

→ Shesh Shaiya

gelegt. Von Beute, die weniger als 50 Kilogramm wiegt, können sie auf die Dauer nicht existieren. Entweder weil sie es nicht schaffen, in der zur Verfügung stehenden Zeit genug kleine Happen zu erlegen, um satt zu werden oder weil sie ihre Vorräte binnen Kurzem aufgezehrt haben.

Wie schnell eine einzelne Tigerin mit zwei heranwachsenden Jungen das schafft, haben Ökologen am Beispiel von 20 Kilogramm schweren Muntjaks ausgerechnet. In ihrem auf dem Papier entworfenen Szenario gehen die Wissenschaftler von einem 100 Quadratkilometer großen Gebiet mit einer Population von 700 Zwerghirschen aus. Die Hälfte davon sind weibliche Tiere, die jedes Jahr ein Junges bekommen. Eine Tigerin braucht für sich allein rund 6 Kilogramm Fleisch pro Tag, nur um satt zu werden. Etwa alle drei Tage erlegt sie ein Muntjak.

Da etwa 30 Prozent jedes Huftiers unverdaulich sind, erbeutet die hypothetische Räuberin im Jahr 3660 Kilogramm Lebendgewicht. Muss sie zusätzlich zwei Jungtiger ernähren, wächst der Bedarf um 50 Prozent, also auf einen Muntjak pro Tag und 365 im Jahr. Das Problem dabei: Durch den Jagddruck schwindet nicht nur der Zwerghirsch-Zuwachs, auch die Zahl der erwachsenen Tiere geht Jahr für Jahr zurück. Die Folge: Es werden immer weniger Kälber gezeugt und geboren. Binnen eines Jahrzehnts ist die Hirschpopulation fast aufgerieben. Mit dem, was übrig bleibt, kann sich ein einzelner Beutegreifer vielleicht eine Weile am Leben erhalten, mehr aber auch nicht.

Von Muntjaks allein – das lernen Ökologen aus solchen Kalkulationen – kann keine Tigerpopulation leben. Die mächtigen Katzen brauchen eine Nische, so die wissenschaftliche Definition ihres Nahrungsbedarfs, aus zahlreichen, großleibigen, waldbewohnenden Huftieren. Offenbar haben die gestreiften Beutegreifer das intuitiv erkannt. Indem sie ihrem Appetit gefolgt sind, wählten sie in den Ökosystemen Eurasiens stets solche Nischen, die mit ihren vierbeinigen Lieblingsgerichten üppig ausgestattet waren.

So kamen sie vor 12 000 Jahren auch nach Indien und schließlich in den Dschungel Bandhavgarhs, in ein wahres Schlaraffenland für Tiger. Ein Mosaik aus offenen Grasflächen und lichten Monsunwäldern greift wie Finger ineinander. Unterschiedlichste Pflanzengesellschaften gedeihen auf engem Raum nebeneinander und ernähren eine unvergleichlich hohe Dichte und Vielfalt von Huftieren.

Über die Größe des Fleischgangs, den Tiger hier alle paar Tage verschlingen, entscheidet kein Engpass im Angebot, sondern allein ihr individuelles Geschick. Wenn sie die Gewohnheiten verschiedener Beutearten in ihre Jagdstrategie einkalkulieren, wenn sie ihre Verstecke wechseln, nicht zu häufig dieselbe Gruppe beschleichen, brauchen sie praktisch nur zu wählen: zum Beispiel unter Nilgau-Antilopen (300 kg), Sambarhirschen (212 kg), Axishirschen (55 kg) und Wildschweinen (38 kg). Doch als typische Beutegreifer sind sie auch Opportunisten und greifen zu, wenn die Gelegenheit ihnen einen unvorsichtigen Hanuman-Langur oder ein Muntjak bietet. Fest steht: Kein Tier im Dschungel ist sicher vor ihren Zähnen, nicht einmal andere große und wehrhafte Beutegreifer wie Leoparden, Lippenbären, Wölfe und Streifenhyänen.

Tiger sind die am meisten gefürchteten Räuber. Ihre Macht über andere Tiere, ihre unangefochtene Position an der Spitze der Nahrungspyramide hat lange Zeit das Bild gefärbt, das wir uns von ihnen machen. Selbst Wissenschaftler ha-

ben sich täuschen lassen und gemeint, Tiger würden von oben, quasi von der Spitze der Nahrungspyramide herab, die Zahlen der Huftiere kontrollieren. Richtig ist vielmehr, dass die Katzen trotz ihrer Aura unbesiegbarer Kraft ökologisch anfällig sind. Gerade das, was sie auszeichnet, ihr räuberischer Appetit, macht sie abhängig vom Wohlergehen des Systems, von dem sie zehren und das ihre Grundnahrungsmittel erzeugt. Ohne eine gut gefüllte Speisekammer sind Tiger verloren.

Doch gut gefüllt ist ein dehnbarer Begriff. Erst seit wenigen Jahren sind Experten imstande, das genauer zu definieren. Vorausgegangen sind aufwendige Einzelstudien in mehreren Tigerreservaten mit unzähligen rekrutierten Helfern. Aus der geschätzten Anzahl der sieben größten Huftierspezies, aus mehreren Tausend Schnappschüssen per Kamerafalle und aus der Rekonstruktion unverdaulicher Beutereste in den Exkrementen von Tigern haben Ökologen wie durch schwarze Magie, eine Formel destilliert. Mit ihrer Hilfe lässt sich ausrechnen – kennt man die Zahl großer Huftiere pro Quadratkilometer eines Gebietes –, wie viele Tiger zum Beispiel auf 100 Quadratkilometern leben können. Trägt ein Tigerreservat etwa 5,3 Huftiere pro Quadratkilometer, so ernähren 100 Quadratkilometer derselben dürftigen Qualität nur einen einzigen großen Beutegreifer. Dagegen bietet ein Schutzgebiet mit stattlichen 63,8 Huftieren pro Quadratkilometer immerhin 12,76 Tigern auf 100 Quadratkilometern ein gutes Auskommen.

Umgekehrt lässt sich die Formel auch auf Bandhavgarhs 104 Quadratkilometer großes Tala-Gebiet mit seinen 25 gezählten Tigern anwenden. Dort ist die Vegetation eines einzelnen Quadratkilometers offenbar reich genug, um sage und schreibe 125 Huftiere zu beköstigen.

Die verschiedenen Huftierarten sind freilich nicht nur als lebendiges Tigerfutter im Dschungel unterwegs. Sie verfolgen ihre eigenen Interessen, kennen die

wichtigen Vegetationstermine, stellen sich pünktlich ein, wenn Gräser, Kräuter, Büsche, Bäume frisch austreiben oder nahrhafte Früchte und Samen reifen lassen. Pflanzenfresser verändern die Landschaften, die sie nutzen. Große Arten weiden zum Beispiel an gröberer Vegetation und legen Knospen bloß, von denen kleinere Arten sich ernähren. Sie bahnen Pfade mit ihren scharfen Hufen und breiten Leibern und öffnen manches Dickicht, in dem zierlichere Spezies ihre Spezialkost finden.

Huftiere und Pflanzen verbindet eine jahrmillionenalte gemeinsame Geschichte. Dem Anschein zum Trotz aber handelt sie nicht davon, dass die Rollen ungleich verteilt sind und die Pflanzenfresser seit ewigen Zeiten ihre grünen Futterlieferanten ausbeuten. Wer wen manipuliert, darf vielmehr als offen gelten.

Dschungelpflanzen sind als Strategen nicht zu unterschätzen. Sie ringen ständig miteinander um Platz, Nahrung, Wasser und um das unentbehrliche gelbe Vitamin: Sonnenlicht. Sie verteidigen sich mit Giften, Stacheln, klebrigem Harz, wenn sie um keinen Preis gefressen werden wollen. Aber wenn es ihnen Vorteile bringt, wenn es zum Beispiel darauf ankommt, ihre Samen zu verbreiten, locken sie mit Düften, prallem Fruchtfleisch, leuchtenden Farben. Und nicht nur Vögel, Fledermäuse und Primaten nehmen die Einladung an. Huftiere mit ihren großvolumigen Mägen sind ideale Transportmittel für Pflanzennachwuchs, der neue Gebiete kolonisieren soll. Denn Samen, die neben oder gar unter dem Blätterdach der Muttergewächse zu Boden fallen, würden ja zu Konkurrenten heranwachsen.

Im Verdauungstrakt von Axis-, Sambarhirsch und Muntjak dagegen kommen die Pflanzenkinder weit herum. Große hartschalige Samen werden, ist die weiche Hülle durch Magensäure abgestreift, von den Wiederkäuern an einem ruhigen Platz wieder hervorgewürgt. Kleinere Körner gelangen mit dem Dung ins Freie.

Derart eingespielt ist das Team aus Waldpflanzen und waldbewohnenden Huftieren mittlerweile, dass viele Samen das ätzende und knetende Milieu der Wiederkäuereingeweide brauchen – wie einen Weckruf, der ihre Keimruhe beendet. Unverdaute Pflanzensaat stirbt sogar ab, wie Untersuchungen zeigen. Nach der Passage durch einen Hirsch- oder Saumagen dagegen laufen weit mehr junge Pflänzchen auf.

So sorgen die Huftiere dafür, dass in Bandhavgarh der Dschungel nachwächst und die Speisekammer der Tiger gut gefüllt bleibt.

Bhitri Meadow ↑

↑ → Chakradhara Meadow

→ Gopalpur

↑ Sher May

→ Churbhera

↑ Shesh Shaiya

→ Badhaini

↘ Raj Bhera Meadow / Badhaini

Bhitri Meadow ←

Charanganga ↑

↑ Raj Bhera Meadow

→ Machai

↘ Chakradhara Meadow

↑ Charger Point

→ Thoree

»Im Grunde ist es erstaunlich«, meinen John Seidensticker und Charles McDougal, »dass Tiger nur relativ wenige Menschen töten. Immer und immer geht mir dieser Satz durch den Kopf. Ich habe ihn erst vor Kurzem gelesen, zur Vorbereitung auf meine Reise nach Bandhavgarh, zusammen mit vielen anderen Informationen. Ohne zu merken, wie tief er sich bei mir eingenistet hat. Bis er an diesem kühlen Januarmorgen im Nordosten der Tala Range plötzlich wieder da ist, abgerufen aus dem Speicher, den wir Gedächtnis nennen, und so beherrschend, dass ich daneben keinen anderen Gedanken fassen kann. Als wäre meine gesamte Erinnerung zusammengeschnurrt auf dieses statistische Fazit zweier angesehener Tigerexperten, die ihre Studienergebnisse zu einem Raubtier-Symposium in London beisteuerten.

Während die Behauptung der beiden Wissenschaftler in meinem Bewusstsein wie eine Gebetsmühle kreist, hat der Fahrer des Jeeps den Rückwärtsgang eingelegt. Das verdecklose Fahrzeug rollt langsam den leichten Abhang hinunter und legt ein paar Meter Distanz zwischen uns und den Tiger, der noch immer diesen neugierigen Gesichtsausdruck hat. Seine Augen blicken konzentriert. Die Ohren sind nach vorn gerichtet. Seine volle Aufmerksamkeit gilt uns. Unsere – meine jedenfalls – gilt ihm. Alles ringsum, der Dschungel, Bandhavgarh, ganz Indien, ist mit einem Schlag ausgelöscht. Für mich besteht die Welt nur noch aus diesem Tiger.

Er lag im Morgendunst auf dem Weg und erhob sich wie ein höflicher Hausherr, als das Auto den Buckel der Anhöhe überwand und vor ihm hielt: einem unerwartet großen Tier. Sein Interesse ist augenblicklich geweckt. Er setzt sich in Bewegung, kommt auf uns zu und folgt dem sachte rückwärts fahrenden Wagen. Nein: Eigentlich treibt er den Jeep vor sich her, zurück zu den drei Meter hohen Sandsteinblöcken, zwischen denen die Fahrspur in einer Kerbe versinkt, während sich der Waldboden rechts und links davon über die Felskuppen schwingt. Und richtig: Die Taktik geht auf. Mit ein paar ausgreifenden Schritten erklimmt der Beutegreifer das ansteigende Gelände, steht über dem eingezwängten Weg und schaut, geduckt wie zum Sprung, hinunter auf den mit sechs Menschen vollbesetzten Jeep, den Rajvardhan (Raj) Sharma im selben Moment mit ein wenig mehr Gas zügig aus der Schlucht steuert.

»Ich habe gewusst, was er vorhat«, sagt Raj später, als der Tiger den Hang hinauf im Wald verschwindet, und die Welt sich wieder ausdehnt. Indien, Bandhavgarh, die Wildnis der Tala Range sind wieder da. Ich habe wieder Augen für das durch die Kronen tröpfelnde Licht der aufgehenden Sonne, für den Rückzug der Dämmerung in ihr dunkles Tagesversteck, für das Lebensblut der Farben, das die Vegetation durchströmt und dutzendfach gebrochene Bernstein- und Grüntöne weckt. Auch mein Gehör kehrt zurück, als hätte jemand ein Fenster zum Dschungel aufgestoßen. Meine Trommelfelle vibrieren von dem lauten, vielstimmigen Geschrei, durch das die große Katze davonschreitet wie durch ein Spalier. Pfauen kreischen von ihren nächtlichen Hochsitzen in den Bäumen herab. Noch schlaftrunken proben Bankivahähne ihre Krähsignale. Von Wipfel zu Wipfel hallen die weittragenden Alarmrufe der Hanuman-Languren. Ihre rasch angefachte Hysterie steckt die Sambar- und Axishirsche an. Und so jagt eine Welle von Meldungen durch die Tiergesellschaft von Bandhavgarh. Unsanft hat dieser Morgen sie aus dem Schlaf gerüttelt.

Mittlerweile verrichtet auch mein Gedächtnis seine gewohnten Dienstleistungen. Schwärme angelesener Informationen fliegen mir zu. Und nun weiß ich wieder, dass Seidensticker und McDougal zum Thema Menschenfresser auch

noch verraten haben, weshalb unsereins nicht zu den Grundnahrungsmitteln Indischer Tiger gehört: »Menschen haben die falsche Form, um als Beute infrage zu kommen.«

Raubtiere, so lehrt die Ökologie, die Wissenschaft pflanzlichen und tierischen Miteinanders, machen nicht wahllos alles nieder, was ihnen über den Weg läuft. Sie suchen sich etwas aus. Sie bevorzugen A und lehnen B ab. Angeblich richten sie sich dabei nach einem vertrauten Muster, dem sogenannten Beuteschema. Wie dieses Schema bei Tigern tatsächlich aussieht, kann niemand mit Bestimmtheit sagen. Wohl aber, was sie fressen. Da man Tiger nicht direkt nach ihrem Menü befragen kann, bleibt als Alternative nur der indirekte Weg: Forscher schauen nach, was hinten rauskommt, und erhalten so verlässliche Daten darüber, was vorn gefressen worden ist.

Feldbiologen haben in mehreren indischen Reservaten an die 1000 Tiger-Exkremente gesammelt, gewässert, gesiebt und analysiert, was unverdaut geblieben ist. Ihr überraschendes Ergebnis: Die Katzen ernähren sich abwechslungsreich, etwa von Elefantenjungen, Affen, Lippenbären, Rothunden und Zibetkatzen. Aber das sind bloße Appetithäppchen, gemessen an den 95 Prozent ihrer Kost, die aus Huftieren, insbesondere Axis-, Sambarhirschen, Muntjaks und Wildschweinen besteht.

Deren Körperschema, argumentieren Seidensticker und McDougal überzeugend, weicht erheblich von dem des Menschen ab. Besonders von hinten betrachtet – der von Tigern beim Anschleichen bevorzugten Perspektive. Ihre Jagdstrategie zielt auf Überraschung. Frontalangriffe sind ihre Sache nicht. Sie meiden das Risiko, von tretenden Hufen, spitzen Geweihenden oder mörderischen Hauern verletzt zu werden. Daher lassen sie das Opfer ahnungslos an ihrem Versteck vorbeiziehen und springen ihm von hinten auf den Rücken. Mit der Wucht ihrer 100 bis 260 Kilogramm Körpergewicht reißen sie es zu Boden. Nacken und Hals der Beute befinden sich nun unmittelbar vor dem Rachen des Tigers. Er braucht nur noch zuzubeißen, um die Wirbelsäule, die Luftröhre

oder die Halsschlagader zu durchtrennen. Ein Kampf ist nicht eingeplant und findet gewöhnlich auch nicht statt. Das Ende kommt schnell.

Ausgewachsen erreichen Tiger, von der Nasen- bis zur Schwanzspitze gemessen, eine Länge von drei Metern. Aber an den Schultern sind sie allenfalls 100 Zentimeter »hoch«. Ein aufrecht gehender Mensch von etwa 1,80 Meter Größe muss jedem Tiger imponieren, der für seinen Sprung Maß nimmt. Doch sobald das Raubtier nach dem Rücken sucht, der beim typischen Beuteschema knapp hinter dem Kopf beginnt und eine annähernd waagerechte Lande- und Angriffsfläche bietet, melden seine Augen Fehlanzeige. Dem Opfer Mensch geht ab, was Huftiere besitzen. Und für Tiger noch irritierender: Von der Seite betrachtet, gleicht diese fremdartige, zweibeinige Beute eher einem schwächlichen Baum, ist lang und dünn. Kein Tiger würde freiwillig einen Stamm attackieren.

Entgegen dem Bild, das wir uns häufig von ihnen machen, sind Beutegreifer keine Draufgänger. Besonders dann nicht, wenn sie, wie Tiger, allein jagen und niemand ihnen beispringt, sollte der Angriff misslingen. Also verlassen sie sich nicht leichtfertig auf ihre Kraft. Sie wägen ab. Sie versuchen ihren Gegner einzuschätzen, ehe sie ihn überfallen. Bleibt der Ausgang ungewiss, greifen sie nicht an. Menschen in aufrechter Haltung gelten daher als relativ sicher.

Dagegen: Wer in die Hocke geht oder sich nach vorn beugt, um etwas aufzusammeln, zu mähen oder zu pflücken, verändert sein Erscheinungsbild und passt plötzlich perfekt ins Beuteschema. Ein Mensch in gebückter Haltung ist nur noch halb so groß, der Rücken ist annähernd waagerecht wie bei einem Hirsch oder Wildschwein und bietet einem auf der Lauer liegenden Tiger ein appetitanregendes Ziel. Auf einmal ist die Wahrscheinlichkeit, als Mahlzeit behandelt zu werden, nach dem Dafürhalten der beiden Experten, stark erhöht.

Die Zahlen scheinen ihnen recht zu geben. Denn am häufigsten werden Dorfbewohner überfallen, die in den Wäldern der indischen Tigerreservate regelmäßig ihrem Tagewerk nachgehen. Sie fischen, schneiden Reet und Viehfutter oder sammeln Früchte, Blätter, Honig, Holz und Kräuter – meist in gebeugter Haltung.

Der junge Tiger hat die Statistik vor wenigen Monaten bestätigt. Er lag versteckt in einem dichten Bambushorst, als eine junge Frau beim Sammeln von Baumfrüchten ihre Hand ausstreckte und dabei den Tiger berührte. Wer weiß schon, wie er das aufgefasst hat? Vermutlich fühlte er sich angegriffen und hat sofort zugeschlagen – mit tödlichem Ausgang. Dennoch ist das Tier deshalb nicht als besonders gefährlich oder gar als Killer eingestuft worden. Die Tragödie wird als Folge eines unglücklichen Zusammentreffens behandelt.

Womit wohl ziemlich klar wäre: Auf der Morgentour durch den Dschungel von Tala ist niemand im Jeep ernsthaft in Gefahr gewesen. Der männliche Tiger mit seinen zweieinhalb Jahren, knapp dem halbstarken Alter entwachsen, hat vermutlich eher Unterhaltung gesucht. Für einen unternehmungslustigen Kater war der Jeep eine willkommene Abwechslung, ein täglich seine Routen kreuzendes Objekt, also nicht bedrohlich, genau das Richtige für eine spielerische Herausforderung.

Nichts spricht dafür, dass der Tiger angreifen wollte. Er trat aus keinem Versteck hervor. Er schlich sich nicht an. Er kam direkt auf uns zu, schön und schrecklich zugleich. Es war der Auftritt eines selbstbewussten Alpha-Raubtiers, wie es von jeher Furcht verbreitet hat in den Wäldern Eurasiens. Seine Zähne und Pranken, seine Kraft, die Wildheit und sein Hunger auf Fleisch haben zehntausende Jahre lang die grausige Wirklichkeit des Lebens mitbestimmt. Nicht nur für

Bathan ←

Bagh Dalaka ↑

↑ Banbehi

→ Raj Bhera Meadow

Vierbeiner, sondern auch für Mitglieder der Spezies Homo sapiens. Davon ist etwas zurückgeblieben, eine kollektive Erinnerung an jene Zeit, als sich unser Platz in der Nahrungskette noch nicht unumstritten an der Spitze befunden hat. Wie die Angst vor Schlangen oder vor Spinnen mag dieses Bewusstsein, als Beute infrage zu kommen, manche Menschen noch heute mehr heimsuchen als andere.

Berichte aus dem 19. und beginnenden 20. Jahrhundert beschwören Schreckensszenarien. Als hätten einige Regionen Asiens unter Menschen fressenden Tigern gelitten wie unter einer Plage. Genannt werden 800, 1000 und 2500 Opfer im Jahr. Die Tötungsquote der legendären CHAMPAWAT-Tigerin im Grenzgebiet zwischen Nepal und Indien wird mit 436 beziffert.

Solche Angaben, darf man nicht vergessen, stammen von den regionalen Ordnungshütern und von Jägern wie dem berühmten Jim Corbett, einem in Indien geborenen Naturenthusiasten irischer Abstammung, der sich in der ersten Hälfte des 20. Jahrhunderts als Tigerkenner einen Namen machte. Beide hatten ein Interesse daran, für ihre Arbeit – das Verfolgen und Töten gefährlicher Bestien, die ganze Landstriche terrorisierten – anerkannt zu werden. Trotzdem: Großwildjäger Corbett büßte sein Augenmaß nicht ein. Tiger, diese »prachtvollsten Tiere Indiens«, schrieb er in einem Buch über sein abenteuerreiches Leben, »dürfen keinesfalls unkontrolliert abgeknallt werden«. Sie sind »großherzige Gentlemen mit grenzenlosem Mut«. Corbett hatte allen Grund, diese Eigenschaft der mächtigen Raubtiere herauszustreichen. Als kleiner Junge unterwegs im Dschungel Nepals stand er eines Tages vor einem Dickicht, als die Vegetation plötzlich wogte und ein Tiger auf der anderen Seite ins Freie trat. »Die Katze machte ein Gesicht«, beschreibt Corbett, »als wollte sie sagen, ›Junge, was zur Hölle machst du denn hier?‹ « Dann wandte sie sich ab und ging davon, ohne sich noch mal umzudrehen.

Als Corbett 1907 die Killerin von Champawat erlegt hatte, stellte er fest, dass ihre rechten Eckzähne infolge einer alten Schussverletzung fehlten beziehungsweise herausgebrochen waren. Offenbar, urteilte er, »konnte sie ihre natürliche Beute nicht töten und wurde darüber zur Menschenfresserin«. Mildernde Umstände müssen auch heute noch den meisten Tigern nachträglich zugebilligt werden, die es auf Menschen abgesehen haben.

So auch am 29. Mai 2003 in Bandhavgarh. Sieben Jeeps sind den Alarmrufen der Axis- und Sambarhirsche gefolgt und halten bei »Charger Point«, in der Kernzone des Reservats. Die Gäste der Morgentour können ihr Glück kaum fassen: Erst vor Minuten haben sie die Tala-Pforte passiert, sind in westlicher Richtung gefahren, und schon sehen sie die schöne Tigerin MOHINI auf sich zukommen. Alle haben den einen Wunsch: so nah wie möglich an die Katze heranzukommen. Ihre Erwartungen sollen mehr als übertroffen werden.

MOHINI hält schnurstracks auf die Wagen zu. Sie hat drei Junge von 18 Monaten, die also noch längst nicht selbstständig sind, und ist auf dem Weg zu ihnen, erklären die Guides ihren Fahrgästen. Aber bald ist sie näher herangekommen als sonst üblich. Einige Guides werden unruhig. Sie wissen: Wer sich zwischen eine Tigerin und ihre Kleinen drängt, auch wenn die längst nicht mehr klein sind, muss mit dem Schlimmsten rechnen. Tiermütter werden zu Furien und stürzen sich, rasend vor Zorn, auf jeden vermeintlichen Angreifer.

Dann aber erkennen die Fahrer in der ersten Reihe, dass die Tigerin schwer am Kopf verletzt ist. Ihre Eckzähne sind abgebrochen. Sie scheint außer sich vor Schmerzen. Später stellt sich heraus, dass MOHINI in der vorangegangenen Nacht auf der Straße zwischen Tala und Umaria von einem Auto angefahren wurde.

Warnrufe schwirren durch die Luft, auch Aufforderungen an die vorderen Wagen, Platz zu machen. Aber die Jeeps stehen kreuz und quer im Stau. Keiner weicht. Die Insassen wollen Aufnahmen machen.

Plötzlich duckt sich MOHINI und springt mit einem gewaltigen Satz auf den Rücksitz eines Jeeps, zwei französische Touristen begräbt sie unter sich. Der Guide und der Fahrer des betreffenden Wagens nehmen Reißaus.

Ein Guide aus einem der anderen Jeeps hastet zu Fuß an den Schauplatz, packt ein Ohr der Tigerin, verdreht es, reißt sie am Schwanz. Sie knurrt, aber sie lässt sich nicht ablenken. Der Guide bricht ein Bambusrohr aus einem Dickicht und drischt damit auf die Tigerin ein. Das Rohr zersplittert. Er sticht ihr mit der Spitze in den Leib. Jetzt brüllt sie auf, lässt von den Franzosen ab und fällt über den Guide her. Seinen Arm zwischen den Zähnen, zerrt sie ihn zu Boden.

»Sie stand über mir«, sagt Raj, und im warmen Licht, das über sein Gesicht flackert, scheint er zu lächeln, während er zurückdenkt. Es ist Abend. Wir sitzen am Feuer in einem offenen Pavillon des Nature Heritage Resort, einer Lodge, deren Besitzer Raj Sharma ist. Zögernd erzählt er von diesem Augenblick vor fünf Jahren, der sein letzter hätte sein können. Seine Stimme ist leise. Er macht lange Pausen, ehe er weiter redet. Er dehnt die Zeit, die damals so blitzschnell verging, dass er heute kaum zu sagen vermag, was ihn dazu trieb, sein Leben aufs Spiel zu setzen.

→ Jamunia

↑ Charanganga

→ Chakradhara Meadow

An Angst kann er sich nicht erinnern. Er fand es wunderbar, das Gesicht der Tigerin so dicht vor sich zu sehen. Gebetet hat er, soviel weiß er noch, zu der Göttin des Siddhababa-Schreins am Eingang zum Park.

Mit einer leichten Neigung des Kopfes im Vorübergehen oder -fahren huldigen ihr die im Park beschäftigten Einheimischen und bitten sie um Glück. Für diejenigen, die Touristen durch das Reservat begleiten, heißt das: möglichst viele Tiger sehen, damit die Gäste zufrieden sind. Für Dorfbewohner dagegen, die zu Fuß durch den Park zur Arbeit und wieder nach Hause gehen, bedeutet Glück, möglichst keinem Tiger zu begegnen. Dass sie den Dschungel heil wieder verlassen, wünschen sich alle. Raj aber flehte im Angesicht des gestreiften Todes, die Gottheit möge ihm ersparen, dass er von dem Tier gefressen werde, das er liebe.

Er wurde erhört. MOHINI schaute ihn prüfend an, ein Blick wie aus der Ewigkeit. Dann ließ sie von ihm ab und verschwand. Es heißt, wenige Tage später sei sie tot gewesen. Einer der beiden verletzten Touristen wurde mit 90 Stichen wieder zusammengeflickt. Der andere verlor einen Daumen. Der Lodgebesitzer und Guide kam mit ein paar Schrammen davon. »Sie hat nicht wirklich zugebissen«, sagt er, »und ihre Krallen blieben eingezogen.«

Raj lebt in der Gewissheit, dass Tiger ihm niemals ein Leid zufügen werden. Seine Zuversicht gründet sich auf seine Liebe zu den Tieren. Und auf diverse »Begegnungen« mit den großen Räubern, die er so gut wie unverletzt überstanden hat, als stehe er unter einem besonderen Schutz.

In die wohl bedrohlichste Lage geriet Raj bei einem Dschungelritt auf dem Howdah, dem plattformartigen Elefantensattel. Eine der Sicherheitsstangen, mit denen die Passagiere auf der schwankenden Plattform gehalten werden, löste sich, und Raj stürzte aus etwa zwei Metern Höhe auf den Waldboden. Das wäre nicht weiter schlimm gewesen, die Laubdecke ist weich. Hätten dort nicht gerade drei Tiger eine Meinungsverschiedenheit ausgetragen. Es ging darum, wem das Recht auf den ersten Bissen von einem frisch erlegten »Kill« zusteht. Tiger teilen nicht gern.

Da landete auf einmal Raj in ihrer Mitte. »Alle starrten mich an«, erinnert er sich lächelnd. »Der Elefant, der Mahut, der Fotograf, den ich als Guide begleitete, sogar der tote Hirsch – und natürlich die drei Tiger.« Keiner bewegte sich. Nur Raj ging ganz langsam rückwärts, bückte sich, die Tiger weiter fixierend, nach seiner Kappe, befahl dem Elefanten kurz, ein Knie zu beugen, und schwang sich hinauf in den Sattel.

Ein andermal machte der legendäre CHARGER (englisch für Angreifer) seinem Namen Ehre und kam fauchend, das Nackenfell gesträubt, auf Rajs Jeep zugeprescht. Die Augen waren aufgerissen, die Ohren angelegt: Eine vor Zorn rasende Bestie versetzte der Motorhaube des Wagens einen dröhnenden Prankenhieb. Tigerspeichel flog Raj durchs heruntergekurbelte Fenster ins Gesicht.

Die Wut des dominanten Tigers von Tala galt weniger diesem einen Jeep als einer Gruppe von Park-Besuchern, die hinter Raj mit hohem Tempo und lautem Geschrei in ihren Fahrzeugen heranbrausten und sich gegenseitig zu überholen versuchten. Jeder wollte vornan sein, eine Nahaufnahme ergattern.

Seit CHARGER eines Tages in Tala aufgetaucht war, niemand weiß woher, und dort ein großes Revier für sich beansprucht hatte, nahm er die Gewohnheit an, sich auf seinem Grundbesitz in dieser brachialen Weise Respekt zu verschaffen. Wann immer sich der Alpha-Räuber von Jeeps gestört fühlte – ob bei der Jagd oder im nachmittäglichen Halbschlaf auf einem Felsen –, griff er an. Manchmal geriet er schon in Rage, wenn ihm ein Fahrzeug auf dem Dschungelweg folgte und der Abstand nicht gebührend groß war. Dann machte er kehrt, und wehe der Fahrer des Jeeps setzte nicht schleunigst zurück, was in einer Wagenkolonne oft unmöglich war. Manchmal wiederholte CHARGER seinen Ansturm mehrmals, bis er zufrieden schien mit der Lektion, die er den Eindringlingen erteilt hatte. In den zehn Jahren seiner Herrschaft im Dschungel von Bandhavgarh hatten die meisten Guides Angst davor, diesem Tiger mit dem Jeep zu begegnen, geschweige denn ihn aufzuspüren. Derart verstand CHARGER, sich in Szene zu setzen.

Raj jedenfalls deutet die furiosen Auftritte des Alpha als Show, als kalkulierte Drohgebärde eines Mächtigen, der sich damit unterhält, die Insassen der Fahrzeuge einzuschüchtern. Der Tiger dürfte bereits bei seinem ersten Scheinangriff bemerkt haben, dass er dem Blech der Jeeps außer Schrammen und Beulen wenig anhaben konnte. Ebenso hat er vermutlich bald registriert, dass die Fahrzeuge und die darin sitzenden Menschen ihn nicht bedrohten, dass sie bedeutungslos waren, wenig mehr als lästige Insekten. Sie umschwirrten ihn, machten Lärm, reizten ihn – und so schlug er nach ihnen. Wie unsereins eine Fliege mit der Hand verscheucht.

CHARGER, meint Raj, war es sich schuldig, die Bestie zu mimen. Seine Meinung von sich selbst, von seiner Rolle in Tala verlangte diese Show. Und der Lodge-Besitzer machte sich manchmal den Spaß, seinerseits mit einer gespielten Gegendrohung zu antworten. Er riss blitzschnell beide Arme in die Höhe, machte sich groß und rief dem grollenden, einen Vorderreifen attackierenden

Tiger »Hat, hat!« – stopp, stopp – entgegen. Worauf der Wüterich sich gewöhnlich trollte.

Niemals hat CHARGER einen Menschen verletzt. Als er in die Jahre kam, auch immer seltener ein Tier. Obwohl er sein Imponiergehabe beibehielt, schonte er im Übrigen seine Kräfte. Die anstrengende Jagd überließ er seinen Frauen, den Tigerinnen von Tala. Er fand sich erst ein, wenn der Fleischgang angerichtet war. Als er im hohen Alter von 17 Jahren starb, wurde er am Rand seines Reviers begraben, bei Charger Point, wo ein Denkmal mit einer Plakette an ihn erinnert.

So lange wie CHARGER halten dominante männliche Tiger ihre Stellung gewöhnlich nicht. Zu aufreibend ist die Chefrolle. Eigentümer großer Territorien, in denen zwei bis sieben Tigerinnen leben, müssen überall zugleich sein, gönnen sich keine Ruhe. Dauernd werden sie herausgefordert von landlosen Konkurrenten, die versuchen, in ihrem Revier zu wildern – und in ihrem Harem.

Sobald die Kräfte eines Grundbesitzers nachlassen, wird er von einem jüngeren, unverbrauchten Habenichts im Kampf besiegt und davongejagt. Solche abgesetzten Territorialherren gehen meist an ihren Verletzungen zugrunde, oder sie streunen umher, ihres Ansehens beraubt, Schatten ihres früheren Selbst.

CHARGER war eine Ausnahme, bereits zu Lebzeiten eine Legende. Zehn Jahre lang sorgte sein Status in der Tala-Gemeinschaft für Stabilität. Kein Rivale setzte in dieser Zeit das Recht des Stärkeren durch: die Jungen des Vorgängers zu

töten, um mit deren Mutter eigenen Nachwuchs zu zeugen. CHARGERS Kinder, Sprösslinge aus vier Verbindungen, wuchsen behütet auf. Mit der schönen und ebenfalls legendären Tigerin SITA begründete CHARGER eine Dynastie.

Die Enkel und Urenkel des Paars bevölkern heute Talas Dschungel – und die lokalen Geschichten, die hier abends am Feuer zum Besten gegeben werden.

Durch die Finsternis tönen die Alarmschreie der Hirsche. Sie hallen bis zum offenen Pavillon der Lodge, wo Experten mit geschulten Ohren übersetzen, ob der Ruf »Tiger!« heißt oder »Leopard!«. Bei Einbruch der Dämmerung, wenn die Hitze des Tages weicht, nutzt *Panthera tigris* seine Seh-Vorteile für die Jagd. Die Retina ihrer großen runden Augen ist reich mit lichtempfindlichen Stäbchen ausgestattet, und eine dahinterliegende reflektierende Schicht ermöglicht ihnen, selbst bei Dunkelheit noch Bewegungen auszumachen und erfolgreich Beute zu schlagen. Doch diesmal ist die Deckung eines großen Räubers, der sich ein Nachtmahl erschleichen wollte, aufgeflogen.

Stimuliert durch die Laute der Nacht, denen sie nachlauschen, öffnen die Guides und Tigerkenner Bandhavgarhs die Schatztruhen ihres Wissens. Die darin funkelnden Erfahrungen stammen nur zum geringsten Teil aus der Forschung, aus ökologischer oder Verhaltensliteratur. Die meisten sind in Jahren und Jahrzehnten der täglichen Beobachtung Stück um Stück gesammelte Kostbarkeiten, sind mündliche Überlieferungen: nicht weniger zuverlässig als systematische Studien, nur weniger standardisiert.

Für einige der Männer, die Besucher durch den Dschungel führen, sind die prächtigen Katzen weit mehr als ein Job, mehr als eine Möglichkeit, Geld zu verdienen. Sie sind zu einer Obsession geworden. So stark, so faszinierend, dass zum Beispiel Raj nach dem ersten Besuch in Bandhavgarh vor 16 Jahren seine gesicherte Position in Agra aufgegeben hat, um hier Tür an Tür mit den Tigern zu wohnen. Er will diese nach seinem Dafürhalten schönsten Geschöpfe der Natur so oft wie möglich sehen und immer besser kennenlernen. Tiger sind sein Leben, sagt er.

Die um das Feuer kreisenden Geschichten stammen von Männern wie Raj. Aus Bewunderung für die großen Raubtiere haben sie allmählich zu verstehen gelernt, was in Tigern vorgeht. Dazu sind keine magischen Kräfte nötig. Nur eine zugegeben wundersame Fähigkeit, mit der alle Menschen mehr oder weniger stark begabt sind: der Fähigkeit zur Empathie, zum Mitempfinden. Gewöhnlich nutzen wir sie, um das Verhalten oder die Situation anderer Menschen nachzuvollziehen. Raj und manche seiner Kollegen wenden sie an, um sich in eine andere Lebensform hineinzuversetzen.

Sie schlüpfen aus der eigenen Haut und empfinden nach, wie ein Tiger, während er sich anschleicht, das Laub unter den Polstern seiner mächtigen Pranken unhörbar zu Staub zerkrümelt. Sie dehnen ihre eigene akustische Wahrnehmung und bemerken, wie der weiche Katzenleib plötzlich unter Spannung steht, weil die dichten Haare der Ohrmuscheln den leisen Tritt eines Axishirschs aus dem Hintergrundrauschen der Gräser herausfiltern. In Gedanken begleiten sie einen Tiger auf dessen Patrouillengängen, verfolgen, wie er systematisch die verschiedenen Plätze aufsucht, an denen Huftiere sich, je nach Tageszeit, in Grüppchen versammeln. Sie durchschauen seine Strategie, wenn er Wege, Pfade, Wildwechsel nutzt, um rascher dorthin zu gelangen, wo er schließlich jagen will. Sie begreifen, warum er im Zickzack durch dichtes Unterholz streift: um dort versteckte Sambarhirsche aufzuspüren.

Amna Nala ←

Jamunia ↑

↑ Ghora Demon

→ Amna Nala

Die erfahrenen Guides und Tiger-Liebhaber kennen das Terrain von Tala, die Felsklippen, Höhlen, Bäche, Tümpel, Waldfinger, Täler, Wiesen, Sümpfe und die Gewohnheiten der darin lebenden Tiere und deren Verstecke mittlerweile so gut wie jeder Tiger. So können sie das große Raubtier in ihrer Vorstellung überallhin begleiten und kenntnisreich mutmaßen, was es plant, wohin es strebt. Wenn die Guides sich nicht verspekuliert haben – was selbst nach Jahren des Trainings noch geschehen kann, denn Tiger sind Individuen –, finden sie sich in ihrem Jeep am richtigen Punkt ein und können der Katze zum Beispiel zusehen, wie sie jagt.

Nichts, behaupten die Guides, sei so faszinierend wie einen Tiger zu beobachten, der sich anschleicht, der versucht, seinen mächtigen Leib hinter zarten Gräsern, Ästen, Pflanzentrieben zu verstecken, während er ganz allmählich die Distanz zu seinem Opfer verringert. Nichts treibe den eigenen Adrenalinspiegel derart in die Höhe, erzählen die Tigerexperten, als die leisen Regungen des Katzenkörpers zu verfolgen, aus jedem Einfrieren, jedem Ducken, aus dem Zucken der äußersten Schwanzspitze zu erraten, was in dieser fremden animalischen Intelligenz vorgeht, während sie sich der ahnungslosen Beute nähert.

Aber nicht nur die Menschen versetzen sich beim Zuschauen in den Beutegreifer. Auch er versucht offenkundig wie ein Huftier zu denken und dessen Wachsamkeit vorherzusehen, um es in die Irre zu führen. Dazu ändert der Tiger sein typisches Körperprofil, streckt den Leib in die Länge und senkt ihn ab, bis er fast den Boden berührt. Wenn er sich bewegt, so mehr schlängelnd als schreitend. In dieser tiefen Blickebene vermuten Hirsche keine Gefahr, ihre Aufmerksamkeit schweift in der üblichen Tigerhöhe über die Vegetation.

Manchmal dauert es nur Minuten, manchmal länger als eine Stunde, bis die Katze mit dieser Technik auf 15 bis 30 Meter an ihr Opfer herangerückt ist, ohne entdeckt zu werden. Es ist schon vorgekommen, dass Tiger auch Jeeps als Deckung genutzt haben, um die finale Distanz zu verkürzen. Zum Schluss messen sie durch sachtes Recken und Zurückziehen des Halses die exakte Distanz. Erst dann preschen sie wie ein Geschoss aus der Deckung hervor und überrumpeln ihre Beute. Und doch: So umsichtig Tiger den Kill auch vorbereiten, Erfolg haben sie nur bei jedem zehnten bis zwanzigsten Versuch.

Seitlich aus dem Jeep gebeugt, den Blick konzentriert nach unten gerichtet, lesen und deuten Guides wie Raj und sein Freund Deepak Talan bei jeder Fahrt durch den Dschungel die Prankenabdrücke von etwa 25 Tigern im Sand der Wege. Wann ist wer wo gewesen und wie schnell wohin gegangen? Wie alt sind die Abdrücke? So habe ich mir früher die bei Karl May beschriebenen Spurenleser der nordamerikanischen Indianer vorgestellt. Männer mit ernsten Gesichtern debattieren über drei geknickte Halme und die Andeutung einer Schleifspur. Wohin hat die Katze den Kadaver geschleift, ehe sie mit zärtlich schnurrenden, grollenden Kehllauten ihre Jungen herbeigelockt hat: Kinder, das Essen ist fertig!

Die Mienen der indischen Spurenleser verraten: Ihre Arbeit ist auch nach Jahren keine Routine, kein grauer Alltag, sondern eine geistige Herausforderung, die investierte Zeit wert – die Erfüllung ihrer Lebensträume. Die Distanz der Feldforscher zu ihren Studienobjekten fehlt den ansässigen Tiger-Deutern. Im Gegenteil: Ihr Mittel ist die Nähe, die gedankliche Identifikation. In ihren Geschichten geht es nicht um Neutren, nicht um Männchen oder Weibchen und deren als typisch erklärtes Verhalten, das repräsentativ sein soll für sämtliche Mitglieder einer Art. Die indischen Tiger-Kundschafter erzählen von Charakteren, von Individuen mit ausgeprägten Eigenschaften. Ein Tiger »spricht« mit den Ohren, die in bestimmten Situationen vielsagend zucken; ein anderer signalisiert seine aggressive Stimmung, indem er mit dem Schweif peitscht; ein dritter kann es partout nicht leiden, wenn Menschen ihn vom Elefanten aus – also von oben – beobachten, und hat die Rüsseltiere wiederholt angefallen.

Und selbstverständlich bleiben die Tiger von Tala in den Erzählungen von Raj und Co. nicht etwa anonym. Sie tragen identitätsstiftende Bezeichnungen wie B2 (kurz für BACHCHA, das Kindchen), wie BOKHA (der mit dem gebrochenen Zahn), wie MAGDHI (der aus den Magdhi-Bergen) und wie CHAKRADHARA, JURJUHARA-, SUKHI PATIA-, MAHAMAN-, MIRCHANI-, CHURBHERA- und AMNA NALA-Tigerin. Namen, die klingen wie Naturpoesie. Sie werden den Tigern »verliehen« wie eine Auszeichnung, sobald sie sich ein eigenes Territorium erobert haben und als Grundbesitzer für einige Jahre zur Gemeinschaft der Tala-Wildnis gehören.

Jedes weibliche Tier heißt nach einer der großen Wiesen im Reservat. Die mit Gras und Schilf bewachsenen Flächen samt dem Geäder der Wasserläufe, den natürlichen oder angelegten Teichen und den schwungvollen Waldsäumen machen den Wert einer Liegenschaft aus. Denn dorthin kommen die Huftiere, um zu weiden und zu trinken. Die Herrinnen des jeweiligen Gebiets haben nicht weit zu laufen, um aus ihrer Speisekammer bei Bedarf ein frisches Wildbret zu holen und ihre Würfe damit zu ernähren. Zurzeit bewohnen sieben Tigerinnen und ihre 16 Jungen diese sieben Wildnisräume.

Dieselbe Landschaft wird von den männlichen Tigern – manchmal sind es in Tala zwei, manchmal drei – noch einmal aufgeteilt. Die Reviere von B2, BOKHA und MAGDHI, liegen als grobmaschiges männliches Netz über dem feiner gewirkten weiblichen und umfassen nicht nur die Gebiete der Tigerinnen, sondern erheben auch Anspruch auf diese selbst.

Ein Territorium ist so ziemlich das Wichtigste im Leben jedes Mitglieds der Spezies *Panthera tigris*. Denn nur wer zur besitzenden Klasse gehört, hat Aussichten, sich fortzupflanzen, dem eigenen Erbgut eine Zukunft zu verschaffen. Für Tigerinnen ist ihr Landbesitz in erster Linie Kinderstube, eine sichere Zuflucht, bewacht und verteidigt von ihrem Partner, dem Erzeuger ihrer Kleinen. Sie brauchen kein besonders großes Gebiet, nur ein hochwertiges, mit allem Komfort wie Wasser und Schatten und mit reichlich Beute bestückt, um den Nachwuchs zu ernähren. Aggressiv verteidigen Tigerinnen daher weniger ihren Besitz als ihre Kinder.

Chakradhara Meadow ↑

↑ Chakradhara Meadow

→ Ghora Demon → Kila Road

↘ Sukhi Patia Meadow

Im Leben eines männlichen Tigers dagegen hat etwas anderes Priorität: der Sex mit möglichst vielen Tigerinnen. Daher streben die Paschas nach großen Residenzen mit vielen darin wohnenden Frauen, die sie eifersüchtig verteidigen.

Wie sich die Idee von Landeigentum in den Köpfen von Tigern entwickelt hat, woher die Vorstellung stammt, dass ihnen ein Stück Wildnis »gehört« mitsamt dem lebenden Inventar, ist noch unerforscht. Auch die Guides haben dafür keine Erklärung. Tatsache aber ist, dass die gestreiften Raubtiere sich als Landeigentümer fühlen – und auch so aufführen.

Ständig sind sie auf ihrem Gelände unterwegs und schreiten so viel Terrain ab wie möglich. Bei jedem Schritt, mit jedem Abdruck ihrer breiten Pranken geben Drüsen zwischen den Zehen winzige Duftmarken ab und informieren Artgenossen darüber, wer hier vor Kurzem vorbeigekommen ist. Entlang seiner Hauptrouten und besonders in der Nähe der Territoriumsgrenzen hebt der Grundbesitzer von Zeit zu Zeit den Schweif und tränkt die Vegetation – Büsche, Gräser, Baumstämme – mit einem nach hinten gerichteten Strahl. Die aus Urin und Analdrüsensekret gemischte Botschaft ist vielsagend. Sie gibt Auskunft über Status, Alter, Gesundheit, Geschlecht, Hormonspiegel und – falls sie von einer Tigerin stammt – Empfängnisbereitschaft. »Ich wohne hier und bin sexy!« oder »Mit mir ist nicht zu spaßen. Verschwinde!« annoncieren die Düfte wie auf einer Anschlagtafel.

Aber sie sagen außerdem etwas über die Körpermaße eines Grundstückseigners, indem sie die Reichweite seiner Vorderpranken abbilden.

Nicht alle Tiger kratzen mit der gleichen Leidenschaft. In Bandhavgarh haben MOHINIS drei Söhne, B1, B2, B3, dieses Kommunikationsmittel auf ihren aneinandergrenzenden Territorien eingesetzt. Aber sie zogen ihre Krallen stets durch Stämme mit halbwegs weicher Rinde wie die des Indischen Butterbaums, *Madhuca indica*. Nie machten sie den Versuch, an der Borke eisenharter Salbäume zu kratzen. Der Vorteil dieser indirekten Kommunikationen: Tiger meiden direkte Begegnungen und gehen damit eventuellen Auseinandersetzungen aus dem Weg.

Überhaupt sind die mächtigen Raubtiere keine Raufbolde. Im Gegenteil: Selbstbewusst kennen sie die eigene Kraft, die Gefährlichkeit ihrer Waffen, ohne sie ständig im Kampf neu auszutesten. Sie sind Gentlemen, wie Corbett urteilte. Selbst Konkurrenten begnügen sich bei Spannungen entlang der gemeinsamen Grenze mit Abschreckung. Nur: Sind die Warnschilder eines Tages verblasst, die chemischen Kennzeichen verduftet, bedient sich der Nachbar. So geschah es mit dem Territorium von B1, dem Viehdieb, der in jungen Jahren von Wilderern beiseitegeschafft wurde. B2 hat sich sofort das brüderliche Revier geschnappt und Minuten später dessen 18 Monate alten Sohn getötet, der noch bei seiner Mutter AMNA NALA lebte. Eine Familientragödie – aber eine, wie sie das Gesetz des Dschungels vorsieht.

So bleiben die Mitglieder der Raubtiergemeinschaft ständig informiert über das chemische Profil ihrer Nachbarn und erkennen sofort, ob etwa ein landloser Migrant ihr Revier durchquert hat. Gesprühte Mitteilungen haben eine Haltbarkeitsdauer von durchschnittlich 40 Tagen.

Daneben kennzeichnen Tiger ihren Besitz auch mit dauerhafteren Merkmalen, die seltener erneuert werden müssen, also nicht so viel Wartungsaufwand erfordern. Hoch oben in Baumstämme geritzte Kratzspuren geben zum Beispiel bekannt, dass ein Terrain bewohnt ist: »Vorsicht! Privatbesitz! Betreten verboten!«

Der Pascha B2 witterte seine Chance, eine neue Haremsfrau zu erobern und hat den Mutterpflichten der Tigerin brutal ein Ende gesetzt. Statt weitere sieben Monate für den jungen Tiger zu sorgen, ist AMNA NALA binnen Kurzem für den Kindermörder in Liebesglut entbrannt und hat ihn mit sehnsüchtigem Gebrüll herbeigerufen. Alle 30 Minuten haben sie es miteinander getrieben, untermalt von Fauchen, Kreischen und spielerischen Angriffen. Eine fünf Tage und Nächte währende wilde Romanze, aus der dreieinhalb Monate später vier Babys hervorgingen.

Damals ist B2, der Sohn MOHINIS und Enkel CHARGERS und SITAS, auf dem Höhepunkt seiner Macht gewesen: ranghöchster Tiger, Herr über das größte, frauenreichste Territorium in Tala. Und, wenn nötig, ein Kämpfer. Gegen CHALLENGER, einen wuchtigen Fremden, musste er seinen Besitz verteidigen. Nur wenige Stunden hat der Herausforderer die Schlägerei überlebt, so furchtbar hat B2 ihn zugerichtet. Davon erzählen die Guides wie von einer Heldenmär. Achtung schwingt in ihren Stimmen, Ehrfurcht ob der entfesselten Kräfte; und etwas wie Trauer. Denn mit fast zwölf Jahren droht nun auch B2 das unvermeidliche Schicksal aller männlichen Tiger: eine feindliche Übernahme. Wie in einem Shakespeareschen Königsdrama wird ihn vermutlich BOKHA absetzen, sein Neffe, der Sohn von B3. Die Tigerkenner, die schon den Sturz manches Großen erlebt haben, sehen es kommen. Täglich sagen sie es vorher.

Noch hält B2 seinen Rang, schreitet stolz wie eh und je an 40 Jeeps mit ihren Zuschauern vorbei, als sei er allein im Dschungel. Aber in den Augen seiner Zuschauer, der Besucher wie der Guides, ist eine Ahnung von Untergang. Auch sein Hauptrivale spürt, dass der Dominante schwächelt. Er vernachlässigt seine Duftmarken, er schafft es nicht mehr, regelmäßig seinen ausgedehnten Besitz abzulaufen und die chemischen Grenzpfähle zu erneuern. Vielleicht fließen auch seine Säfte spärlicher. Oder seine eigenen Hormone verraten, wie es in Wahrheit um ihn steht. Jedenfalls hat BOKHA seinen Onkel schon mehrmals herausgefordert, ist tief in dessen Territorium vorgedrungen. Sogar dessen kostbarsten Besitz, die Chakradhara-Wiese, hat er unsicher gemacht.

Das weite, von Bächen gesäumte Tal mit dem dichten Pelz aus Elefantengras, dessen Blütenstände im Sonnenlicht gelb, im Mondschein silbern leuchten, ist die beste Liegenschaft in Tala. Um diesen Besitz geht es beim Poker um die Macht. Wer hier herrscht, so Raj, ist der Größte. Aber noch jedes Mal ist B2, gestärkt durch den Platzbonus, selbstgewiss aufgetreten und hat dem kecken BOKHA den Schneid abgekauft. Der Siebenjährige hat sich stets wieder auf sein eigenes Grundstück zurückgezogen. Doch täglich provoziert er den Alten mit neuen Grenzverletzungen. Regelmäßig melden die Guides in Tala, wo überall BHOKA auf dem Territorium von B2 herumschlendert. Die Politik der Nadelstiche wird B2 mürbe machen, sagen sie. Der Junge signalisiere der gesamten Tiger-Gemeinschaft: »Der Chef ist reif für den Ruhestand. Jetzt bin ich an der Reihe.«

Dass BOKHA ausgerechnet auf der Chakradhara-Wiese herumstreicht, demonstriert freilich mehr als nur Landhunger. Sein Besuch gilt auch der Residentin, die dort, in der besten Lage, die weibliche Alpha-Position innehat. Bisher ist sie ausschließlich B2s Gefährtin gewesen. Drei Würfe hat sie ihm geboren. Doch seit längerer Zeit ist sie nicht mehr in Hitze gekommen. Offenbar ahnt sie, dass die Position an der Spitze frei wird und wartet ab, munkeln die Tigerkenner.

Als gute Mutter will sie ihrem Nachwuchs die besten Gene sichern: die eines dominanten Tigers. Doch paart sie sich abermals mit B2, und er unterliegt in den folgenden zwei Jahren gegen BOKHA, wird der Sieger ihre Babys umbringen. Die Lösung des Dilemmas: ein bisschen heimliche Familienplanung, wie sie auch andere weibliche Säugetiere in Krisenzeiten praktizieren. Geht die Kalkulation der CHAKRADHARA-Tigerin auf, wird BOKHA, der künftige Herrscher in Tala, der Vater ihrer künftigen Kinder. Unter seiner Obhut haben sie gute Aussichten, erwachsen zu werden, statt wie ein Drittel aller Tigerbabys noch im ersten Lebensjahr umzukommen.

Mit ihren elfeinhalb Jahren kommt es für die etwas betagte Alpha-Tigerin diesmal besonders darauf an. Sie darf keinen Fehler machen. Denn der nächste Wurf wird ihr letzter sein. Stehen ihre Kinder zweieinhalb Jahre später auf eigenen Füßen, ist die Matriarchin fast 15 und damit allmählich zu schwach, um starke Huftiere im Todeskampf zu bezwingen. Vermutlich, erläutert Raj die dynastische Erbfolge in der Tiger-Gesellschaft, wird sie das Territorium, die wild- und wasserreichste Wiese in Tala, ihrer – noch ungeborenen – jüngsten Tochter hinterlassen. So wie die Seniorin selbst den Chakradhara-Stammsitz von ihrer eigenen Mutter, der berühmten SITA, übernommen hat.

Tigerinnen sind hingebungsvolle Mütter: Sie schützen die Kleinen, jagen für die Unerfahrenen, trainieren die Heranwachsenden in der hohen Kunst, erfolgreich Beute zu machen. Aber sobald der nächste Wurf das Licht der Welt erblickt, ist für die älteren Kinder kein Platz mehr – weder im Revier der Mutter noch in ihrem Herzen. In der Regel treibt sie die älteren Kinder davon. Damit beginnen deren Lehr- und Wanderjahre. So diktiert es das Gesetz des Dschungels.

Doch dieses Gesetz ist nicht starr. Es lässt Ausnahmen zu, nimmt Rücksicht auf die Anhänglichkeit zwischen Müttern und Töchtern. Ist das mütterliche Territorium reich mit Beute bestückt und ist die Nachbarin schon zu alt, um sich gegen Übergriffe zu wehren, oder ist sie gar eine Verwandte: Dann stückeln sich junge Tigerinnen aus zwei selten genutzten Grenzgebieten der älteren Geschlechtsgenossinnen ihr eigenes Heim zusammen. So ähnlich dürften es die drei älteren Töchter der CHAKRADHARA-Tigerin gemacht haben. Jedenfalls wohnen die MAHAMAN-, die JURJUHARA- und die CHURBHERA-Tigerinnen, Kinder aus dem zweiten Wurf der Alpha-Frau mit B2, in den Dschungel-Zimmern neben der Mutter.

Ein Muster zeichnet sich ab, das typisch ist für das, was man die Siedlungspolitik der Tiger nennen könnte. Nicht nur in Bandhavgarh, sondern überall, wo die gestreiften Beutegreifer Land beanspruchen, entsteht dasselbe Bild einer sich teilenden Zelle im Kranz ihrer jungen Tochterzellen. Nachbarinnen wohnen nicht zufällig beieinander. Die regional von Tigerkennern geführten Stammbäume und die im Labor geprüften Erbmoleküle beweisen: Tigerinnen im selben Dschungelviertel sind meist eng verwandt, sind Schwestern, Tanten, Nichten, Mütter, Töchter. Offenbar leben die Mitglieder einer Großfamilie weit weniger einzelgängerisch als bisher gedacht. Sie besetzen und besitzen Landschaften gemeinsam – nicht anders wie Löwinnen. Und ebenso wie diese vermachen sie ihren individuellen Besitz in weiblicher Linie. Nur das enge Miteinander der Löwen im Rudel – zusammen schlafen, zusammen jagen,

Shushyari ↑

zusammen den Besitz verteidigen, zusammen die Jungen säugen – scheint nicht nach dem Geschmack unabhängiger Tiger-Persönlichkeiten.

Bei den männlichen Grundbesitzern in Tala ist das Bild ähnlich: Stammhalter wie CHARGER, wie sein Nachfolger B2, wie der nachrückende BOKHA und der Satelliten-Pascha MAGDHI, der in BOKHAS altem Revier streunt, sind sämtlich versippt, Abkömmlinge der von CHARGER gegründeten Dynastie. Man kennt sich, ist über Generationen hinweg miteinander vertraut und arrangiert sich bei Konflikten. Der eine oder andere Kindermord fällt dabei offenbar nicht ins Gewicht.

Auch das trifft nicht nur auf Bandhavgarh zu. In einigen anderen indischen Reservaten beobachten Tigerexperten, wie die sozialen Seiten der vermeintlichen Solisten zum Vorschein kommen. Verwandte teilen einen besonders großen Kill und zeigen dabei gepflegte Manieren; oder Mitglieder unterschiedlicher Würfe mit verschiedenen Vätern treffen aus alter Anhänglichkeit regelmäßig zusammen.

Seit CHARGER ist die Toleranz unter den Tigern in Tala noch weiter gewachsen: Der Legendäre hat großzügig darüber hinweggesehen, dass die männlichen Jungtiger sich von den Territorien ihrer Kindheit nie weit entfernt haben. Ihnen blieb erspart, auf der Suche nach eigenem Land in die Fremde zu ziehen und dabei, wie die Mehrzahl, von Menschen oder Artgenossen getötet zu werden. Daher war der familiäre Führungsnachwuchs auch gleich zur Stelle, als

CHARGER gebrechlich wurde. Die Jungen haben sein Territorium und seine Frauen unter sich aufgeteilt. So blieb der Besitz in der Familie. Und der große Alte kam aufs Altenteil, getötet wurde er nicht.

B2 hat diesen freundlichen Umgangsstil mal mehr, mal weniger gepflegt: Weniger gegenüber dem Sohn von B1, mehr gegenüber dem Sohn von B3, den er von Anbeginn als Nebenbuhler toleriert hat. Und BOKHA, der künftige Pascha? Er überrascht die Guides in Tala gegenwärtig mit einer so noch nie beobachteten Männerfreundschaft. Regelmäßig sehen sie ihn zusammen mit dem kecken, zweieinhalbjährigen Jungtiger, der eines Morgens kurz mit dem Gedanken spielte, von oben auf unseren Jeep zu springen. Er entstammt der Verbindung der CHURBHERA-Tigerin mit B2, ist der Enkel MOHINIS und der Urenkel CHARGERS und somit genetisch zu Jeep-Attacken prädestiniert.

Raj, der den spielerischen Versuch des Youngsters von Anfang an durchschaut hat, erzählt kopfschüttelnd, wie der junge Tiger dem Aufsteiger BOKHA ständig auf den Fersen ist. Ganze Tage hat er schon in dessen Gesellschaft verbracht, hat sogar mit ihm gejagt und vom gleichen Kill mit ihm gefressen. Der junge Tiger ist anhänglich, der erwachsene erkennbar irritiert durch diesen Begleiter, den er nicht abschütteln kann.

Doch ein paar Tage später reißt BOKHA der Geduldsfaden: In einem Wäldchen am Rand der Churbhera-Wiese duckt sich der mächtige Tiger und bewegt sich wütend fauchend im Anschleichgang auf den Jungen zu. Der erkennt, was ihm droht, wirft sich augenblicklich auf den Rücken und bietet dem zornigen Freund Kehle und Bauch schutzlos dar. Er unterwirft sich. Als Lektion bekommt er noch zwei weitere Scheinangriffe des Älteren zu spüren, ahnt, was er ent-fesseln könnte, ehe er demütig im Gebüsch verschwinden darf.

Ob der Junge hartnäckig bleibt? Ob BOKHA ihn womöglich irgendwann neben sich duldet? Ob sich eine Partnerschaft zwischen den beiden entwickelt? Es wäre reizvoll, darüber zu spekulieren. Aber noch reizvoller ist die Gewissheit, dass in Bandhavgarh so viel bereits möglich geworden ist: seit der Park zu Indiens Tigerreservaten zählt, und seit dort die Wilderei, der Druck der Jagd auf *Panthera tigris* und seine Huftier-Beute zurückgeht. Der Dschungel bietet, was Tiger brauchen, um wie in einem Wildnislabor die ganze Palette ihrer genetischen Anlagen zu entfalten und aller Welt zu zeigen, was in ihnen steckt.

Climber Point ←

Shushyari ↑

Raj Bhera ←

↑ Kanoji

→ Jurjuhra

↑ → Gopalpur

↑ → ↘ Amna Nala

↑ Charanganga
→ Amna Nala

↑ Nilgai Marq

→ Churbhera

→ Barra Gufa

↑ → Charanganga

↑ → Jamunia

↘ Siddh Baba

Die geschützte Insel

↑ Siddh Baba
→ Bathan → Tala

Ausflüge in eine andere Wirklichkeit haben ihre eigenen Gebräuche. Hier in Bandhavgarh beginnt zum Beispiel jeder Morgen mit lautem Klopfen an der Tür. Noch bevor ich erschreckt die Augen aufreiße, aber nichts sehe, weil es noch immer stockfinster ist, weiß ich: Es ist sechs Uhr früh. Tigerzeit. In 30 Minuten verlässt der Jeep-Konvoi mit den Gästen die Lodge in Richtung Reservat. Ich muss aufstehen, drei Pullover anziehen, zwei Paar Hosen, eine Windjacke, eine Mütze und mir eine Wolldecke von dem Stapel am Eingang greifen gegen die nächtliche Kälte und den scharfen Fahrtwind.

Die Gewohnheiten der großen Raubkatzen diktieren den Puls der Geschäftigkeit, die alle erfasst – die Touristen, das Lodge-Personal, die Fahrer, die Guides – und schließlich mit sich forträgt, hinaus in den Dschungel. Wenn sich um sieben Uhr das Tor von Tala öffnet und jeder Geländewagen, ausgestattet mit dem ihm zugewiesenen Routen-Schein, auf dem Fahrweg A, B, C, D, E, F oder G durch das Schutzgebiet fährt, bricht die graue Stunde an. Noch nistet die Nacht in den Kronen und unter den Büschen, aber dazwischen blutet ihre Schwärze aus, wird ein paar Nuancen heller, verwandelt den Dschungel in ein Reich der Schemen.

Tiger, heißt es, jagen bei Nacht, weil in diesen Stunden die meisten Huftiere unterwegs sind. Die Pflanzenfresser nutzen den Schutz der Finsternis, um sich

an die Tränken zu stehlen und um an bevorzugten Plätzen zu weiden. Dass viele Tiere nachtaktiv sind, wird oft als gegeben hingenommen. Als handle es sich um ein angeborenes Verhalten. So ist es aber nicht. Die Hirsche und Wildschweine in Bandhavgarh wie auch anderswo sind meist vor Zeiten in die Dunkelheit ausgewichen – auf der Flucht vor Jägern, die ihnen bei Tag nachstellten. Darauf wiederum haben sich die großen tierischen Beutegreifer eingestellt und ein reges Nachtleben entfaltet. Seit Bandhavgarh aber Tiger Reserve geworden und menschliche Jagd darin verboten ist, fühlen die Huftiere sich bei Tag wieder sicherer. Der Vorteil für die Besucher: Huftiere laufen nicht weg, sondern schauen gewöhnlich nur kurz auf, wenn ein Geländewagen vorbeifährt. Und: Tiger sind ebenfalls bei Tag zu sehen, vor allem in den frühen Morgen- und Nachmittagsstunden, wenn es kühl ist und die Jagd im warmen Pelz sie nicht so stark erhitzt.

Mit jedem Kilometer Fahrstrecke wird es heller. Bevor die Sonne hinter den Bergrücken aufgeht und die Landschaft vergoldet, ist der Dschungel in ein lichtes Gemisch aus Nebel und Dämmerung gehüllt. Wie sehr ich meine Augen auch zu Schlitzen verenge, die Konturen der Vegetation lösen sich auf, werden unscharf, als würde ich sie durch eine fremde Brille betrachten. Nichts von dem, was mir vertraut ist, finde ich hier wieder. Seit Tagen handeln meine Nachrichten nur von der Natur. Vom Wasserstand in den Tränken und Tümpeln, von der Höhe der Gräser auf den Wiesen, von Tigernachwuchs in mehreren entlegenen Verstecken des Reservats, von »Kills«, die Wächter auf ihren Rundgängen gefunden und gemeldet haben, vom Training des jungen Reit-Elefanten. Meine städtischen Wegweiser, meine Routinen sind unerreichbar fern und würden auch nichts taugen auf diesen Fahrten, die uns Besucher von Bandhavgarh morgens und nachmittags für jeweils drei bis vier Stunden hineinschleudern in das Universum der Tiger.

Jeder Moment scheint bedeutsam, jeder Anblick wie ein Signal, jede Kurve voller Verheißung: Dahinter könnte eine dieser schönen Katzen plötzlich auf dem Weg stehen. Oder ein Bambusvorhang würde sich teilen und den Blick auf ihr Lager freigeben. Einen Tiger zu erwarten, jeden Moment mit ihm zu rechnen, schärft die Wahrnehmung. Nie zuvor habe ich Gebüsche so aufmerksam angesehen, Bambus so durchdringend gemustert, Gräser mit den Augen abgetastet auf der Suche nach verräterisch flackernden Flammen.

→ Barra Gufa

Selten ist ein Jeep allein im Gelände unterwegs. Vor und hinter unserem Wagen fahren andere. Alle sind besetzt mit Fahrern, Führern, einem Forstbeamten und mehreren Touristen. Den Einheimischen ist alles bekannt, den Fremden alles neu. Doch die Aufregung, die Spannung eint alle im Jeep zu einer verschworenen Gemeinschaft von Tiger-Anbetern. Denn jede Begegnung ist anders, ist in ihrer Art die erste.

Viele Besucher irritiert die Vorstellung, dass sie »ihr« Tiger-Erlebnis mit einigen Dutzend anderen Menschen teilen sollen. Dass sie die wilde Natur und den mächtigsten aller Beutegreifer nicht für sich haben – allenfalls in Begleitung eines Guides. Aber das ist bloße Theorie und hat wenig damit zu tun, wie es sich wirklich abspielt. Nichts macht so einsam wie der Anblick eines ausgewachsenen Tigers in drei Meter Entfernung. Was Touristen im Netz berichten und was Besucher erzählen, die abends von ihren Touren in die Lodge zurückkehren, verrät: Jeder ist tatsächlich vollkommen allein gewesen mit »seinem« Tiger und tief bewegt von dieser Erfahrung. Niemals im Leben, sagen sie alle, werden sie den Augenblick vergessen.

Wenn die erste gestreifte Katze irgendwo im Schutzgebiet gesichtet wird, kommt es unweigerlich zum Gedränge, zum Fahrzeugstau. Die Nachricht wird an den »Center Point« im Reservat gemeldet und verbreitet sich von dort wie ein Lauffeuer an alle Wagen, die mit Funktelefonen ausgestattet sind.

Ruht der Tiger fernab des Fahrwegs im Gras oder im Wald, sind binnen Minuten mehrere Reit-Elefanten zur Stelle, ausgerüstet mit breiten Howdahs, den plattformartigen Sätteln. Touristen können einen der vier bis sechs Plätze auf der Plattform buchen und sich wie auf einer schwankenden Fähre von den Mahuts dorthin befördern lassen, wo der Star der »Tiger-Show« meist ziemlich gelassen die Huldigungen entgegennimmt. Jeder Trip dauert nur fünf Minuten. Dann sind die nächsten an der Reihe.

Aber diese fünf Minuten sind wie eine Ewigkeit des Schauens, der konzentriertesten Aufmerksamkeit. Daneben ist kein Platz für die dicht an mich gedrängten Nachbarn auf der Plattform oder für die anderen Elefanten mit ihrer Last aus Menschen, deren Köpfe alle in eine Richtung gewendet sind. Ich spüre nicht mehr, wie hart der Sattel ist, wie ich mehr oben hänge als sitze, während der Elefant behende in dem steilen Gelände hinauf- und hinuntersteigt, damit die Besucher mit Kameras zum Schuss kommen. Ich starre in das schöne Katzengesicht und vergesse meine Manieren: Als mich ein grüngelber Blick trifft, senke ich nicht die Lider. Hemmungslos schaue ich zurück und fühle, wie unzählige Menschen vor mir und nach mir: Das werde ich niemals vergessen.

Zugegeben: Von solchen fünf Minuten – manchmal sind es auch 60 – lebt der Tourismus, eine weltumspannende Industrie, die Naturerlebnisse verkauft. Doch: Böte sie diese Gelegenheiten nicht, würden nicht Reiserouten für das Verlangen nach Wildlife organisiert, würden nicht Tausende jedes Jahr auf geebneten Wegen in die Tigerreservate Indiens geschleust – womöglich gäbe es die prächtigen gestreiften Raubtiere heute nicht mehr.

Was ist der Indische Tiger wert? Umgerechnet in Schuhpaare zum Beispiel. Oder in Pullover. Oder in Schulbücher, in Fahrräder, in Taschenlampen, in Rettungswagen, in Viehfutter, in Honig, in Bambus, in Brennholz, in Bauholz, in Möbelholz, in eine Handvoll Nahrung. Oder, etwas exotischer, umgerechnet in pulverisierte Rohstoffe für allerlei heilende und stärkende Mittelchen der chinesischen Volksmedizin.

Am Rand der 28 Tigerreservate Indiens oder auch mitten in den Schutzgebieten sind das einige der gängigen Währungen. Mit ihnen tauschen Stammesangehörige und Dorfbewohner Tag für Tag das Leben der größten und prächtigsten Raubkatze der Welt gegen ihr eigenes Leben und das ihrer Familien ein.

Die meisten dieser Menschen haben nichts gegen Tiger. Sie handeln wie Ertrinkende in einer reißenden Strömung nach einem vorübertreibenden Balken greifen, um sich zu retten. Oft lässt ihnen der Druck bitterer Armut gar keine Wahl, als sich aus dem Dschungel zu holen, was sie brauchen. Mit dem, was dort wächst, mit dem Verkauf von Kräutern, Früchten, Blättern, Baumstämmen, Bambusrohren und Ähnlichem verdienen sie sich das Nötigste. Wie sollte ihnen in den Sinn kommen, dass sie der Beute des Tigers die Nahrung rauben?

Dorfbewohner schleppen das wuchernde Dickicht aus dem Wald, um daraus etwas zu fertigen. Sie räumen das Unterholz weg, um damit ihr Essen zu kochen. Sie treiben ihr Vieh in den Dschungel, wo es die Laubstreu frisst und die nachwachsenden Triebe. Sollten sie auf die Milch ihrer Haustiere verzichten und auf das Sammelgut, weil Tiger es als Deckung brauchen, um sich anzuschleichen und erfolgreich Beute zu machen?

Reservat-Anlieger jagen Hirsche und Wildschweine, um ihren Lebensunterhalt aufzubessern. Sollten sie Skrupel haben, weil die mächtigen Raubkatzen deshalb darben? Menschen entlang der Grenze zu den Schutzgebieten wissen oft am Abend noch nicht, wovon sie am Morgen satt werden. Sollten sie sich darum sorgen, dass ein Tiger verhungern könnte?

Wilderer mit guten Kontakten nach China stellen den gestreiften Raubkatzen nach. Jäger unter den Dorfbewohnern, geländeerfahrene Fährtenleser, liefern die nötigen Informationen, lassen die gut zahlenden Fremden bei sich untertauchen und verdienen so ihren Anteil an den 15 000 US-Dollar, die der Kadaver eines Tigers heutzutage auf dem schwarzen Markt erzielt. Sollten wir uns darüber wundern, dass verzweifelte Menschen ohne wirtschaftliche Perspektiven solchen Verlockungen erliegen?

So etwa geht es alltäglich zu, draußen in der Wirklichkeit der geplünderten Dschungel. Doch bei den zuständigen Ministerien der indischen Zentralregierung ist davon bis vor Kurzem nichts angekommen. Jahrelang haben sie erfreulich stabile Tigerbestände in sämtlichen Schutzgebieten veröffentlicht.

Gopalpur ↑

↑ Bathan

→ Raj Bhera

↑ Jamunia

→ Tala

Bis eines Tages aus Gerüchten plötzlich Meldungen werden, und Zeitungen wie »The Indian Express« Anfang 2005 die blamable Nachricht hinausposaunen: Sariska, ein 866 Quadratkilometer großes Reservat nordöstlich von Jaipur, der Hauptstadt von Rajasthan, beherbergt weder 24 Tiger, wie beim vorletzten Zensus gemeldet, noch 15, wie im Sommer zuvor bekannt gegeben, sondern zero: keinen einzigen Tiger mehr.

Das festzustellen, hat es keiner Zählung bedurft. Allein der Augenschein genügte: Touristen, die keine gestreiften Katzen zu sehen bekommen; Tour Guides und Fahrer, die nicht einmal mehr Fußabdrücke und Kratzspuren finden. Das Sariska Tiger Reserve, obwohl finanziell besonders gut ausgestattet und mit hoher Pesonaldichte pro Quadratkilometer, (siehe Karte Seite 170) ist tigerlos.

Sariska wird zum Weckruf; nicht nur für die verantwortlichen Institutionen Indiens, auch für die großen internationalen Schutzorganisationen. Sie haben das Land mit Spendengeldern und Fachwissen unterstützt, seit Indira Gandhi 1973 das »Project Tiger« ins Leben gerufen hat. Damals setzte die autokratische Premierministerin die Gründung der Tiger Reserves durch, erließ starke Gesetze und sorgte dafür, dass Wilderei und Holzdiebstahl in den Schutzgebieten aufhörten. Unter ihrer engagierten Führung und angespornt von ihrem leidenschaftlichen Einsatz für die Wildnisse des Landes und deren animalische Bewohner ist Indien zum Vorbild geworden im weltweiten Naturschutz. Und

die Tigerpopulation, die Anfang der 1970er Jahre auf etwa 1800 Tiere geschrumpft war, schien prompt auf die staatliche Förderung zu reagieren. Sie erholte sich von der lebensbedrohlichen Krise, die Tiger vermehrten sich und füllten ihre Territorien wieder auf.

Schon 1979 begannen die regionalen Schutzgebiete über sprunghaft wachsende Populationen zu berichten. Aber der Anstieg auf nahezu 4000 gezählte Tiger war weit größer als biologisch möglich. Die numerischen Prahlereien basierten auf alten unwissenschaftlichen Methoden, vor allem auf der Annahme, dass es möglich ist, jeden einzelnen Tiger einer Region an seinen Fußabdrücken zu identifizieren – gleichgültig, ob er im Sand eines Fahrwegs, durch eine Wiese, über laubbedeckte Waldböden oder über Felsen läuft. Was beim Fährtenlesen in den Parks brauchbar ist, taugt nicht als Basis für verlässliche Statistiken, wie sich später herausstellt. Viele Tiger sind mehrfach gezählt worden. Und der Wunsch, es möchten viele sein, dürfte manchem Zähler im Feld die Hand geführt haben.

Ungeprüft übernehmen die internationalen Naturschutzorganisationen die frohe Botschaft aus den Reservaten und lassen sie zirkulieren. Auch ihre Vertreter wollen nur zu gern Erfolge melden, wollen sie selbst glauben und andere glauben machen, dass die von ihnen empfohlenen und finanzierten Maßnahmen tatsächlich die Tiger in letzter Minute gerettet haben.

Im Rückblick ist es erstaunlich, wie optimistisch viele Beteiligte die Lage beurteilten. Und wie unbedacht sie sporadische Zuwächse in wenigen Reservaten auf den gesamten Bestand des Landes hochrechner. Nur so lässt sich erklären, dass am offiziellen Zensus derart lange festgehalten wird. Wer laut daran zweifelt und, wie einige Fachkräfte in den Reservaten, eigene Beobachtungen an die zuständigen Vorgesetzten weitergibt, wird versetzt. Die Zahl von rund 3800 Tigern gilt als politisch korrekt. Bis, ja bis Sariska diesen Traum als Traum entlarvt.

Doch bald steht fest: Sariska ist kein Einzelfall. Rund ein Dutzend weitere Reservate berichten über zusammengebrochene Bestände. In Buxa etwa schrumpft die Population von 27 auf vier. Aus Namdapha verschwinden, ähnlich wie in Sariska, über Nacht sämtliche 61 Tiger. Einige Schutzgebiete geben, wie auf einmal eingeräumt wird, seit Langem keine Zahlen mehr heraus. Dort haben sich Naxaliten verschanzt, maoistische Extremisten, die anderes im Sinn haben, als ein regierungskonformes Tigerschutzprogramm umzusetzen.

↑ Amna Nala

→ Jamunia → Murdhama

Dem rauen Erwachen folgt ein Aufschrei der Empörung in der nationalen und internationalen Presse. Für den dramatischen Crash der Tigerpopulationen in sicher geltenden Schutzgebieten gibt es nur eine Erklärung: die unersättliche Nachfrage aus China. Deren Ausmaß ist unterschätzt worden, wie nachträglich ein Blick in die Handelsstatistiken von China, Taiwan, Korea und Japan lehrt. Ähnlich schockierend ist eine Aufstellung der »Wildlife Protection Society of India«, wonach 791 illegal gehandelte Tigerkadaver in den Jahren 1994 bis 2006 beschlagnahmt worden sind. Dazu muss man wissen: Es handelt sich um einen Bruchteil sämtlicher dunklen Geschäfte. Um eine Vorstellung der tatsächlich geschmuggelten Mengen zu erhalten, pflegen Zollbeamte die von ihnen aufgedeckten Verstöße mit der Zahl Zehn zu multiplizieren.

Doch fest steht auch: Für die jahrelang geschönten offiziellen Zahlen sind die Wilderer nicht verantwortlich. Die bürokratische Tarnung nährt den Verdacht, dass zusätzliche, hausgemachte Missstände verschleiert werden. Schon lange mahnen erfahrene Wildlife-Biologen, der eigentliche tödliche Aderlass für *Panthera tigris* sei der Verlust der Lebensräume: der geschrumpften, zerstückelten und von zu vielen menschlichen Nutzern ausgeweideten Wälder.

Unter dem Druck der Öffentlichkeit und unter den wachsamen Augen von Tigerfachleuten im In- und Ausland ordnet die Regierung einen neuen Zensus an. Diesmal wird nach wissenschaftlichen Methoden gezählt – wie sie Ullas

Karanth, Indiens berühmter Wildlife-Biologe und führender Mitarbeiter der New Yorker Wildlife Conservation Society, in jahrelangen Studien entwickelt und erprobt hat. Strategisch aufgebaute Kamerafallen, die das unverwechselbare Fellmuster jedes am Objektiv vorüberstreichenden Tigers festhalten und so dessen Identität zweifelsfrei fixieren, und Raster aus normierten Beobachtungskorridoren erlauben solide Populationsschätzungen.

Das Ergebnis ist ernüchternd – wie auch nicht? Es zieht Bilanz aus den vielen unkontrollierten Tauschgeschäften in und um die Reservate, die den gesetzlichen Schutz der großen Beutegreifer aushöhlen. Doch endlich präsentiert es anstelle von Papiertigern die Zahl der tatsächlich noch in Indien lebenden gestreiften Katzen. Sie lautet: 1411.

Seit sie bekannt ist, haben mehrere internationale Naturschutzorganisationen neue Initiativen und Programme auf den Weg gebracht und deren Finanzierung gesichert (siehe Seite 179). Besonders die Wildlife Conservation Society (WCS), zu deren Führungspersonal die Feldforscher George Schaller, Alan Rabinowitz und Ullas Karanth gehören, haben Ziele definiert, die anderswo erreicht worden sind und langfristig Sicherheit bringen. Die WCS empfiehlt durch ihre Protagonisten vor allem große, zusammenhängende Landschaften als Tigerhabitate zu schützen; verstreute, von Tigern bewohnte kleinere Gebiete durch Puffer und Korridore miteinander zu verbinden; die lokale Bevölkerung als Hüter der Tigerreservate zu gewinnen und große, ausschließlich für Tiger reservierte Areale – ohne menschliche Nutzung – zu sichern. Dann, verheißen sie, wird sich die Population der gestreiften Großkatzen binnen einem Jahrzehnt verdoppeln. So die Rezepte der erfahrenen »Natur-Heiler«. Aber wird der Patient Indien sie befolgen?

Zu tun, was nötig, was lange überfällig ist, verlangt eine Kur, die für den staatlichen Apparat Indiens zunächst weit schlimmer sein dürfte als die Krankheit

selbst. Allein die Kosten der Sanierung, der Verzicht auf wirtschaftliche Nutzung, die strukturellen Veränderungen sind gewaltig. Zunächst reagiert das Land auf die Beinahe-Katastrophe mit der Schaffung von Gremien und mit Eilaufträgen an die verantwortlichen Institutionen. Die einflussreichste Gruppe von Experten, die dem Premierminister zuarbeitende »Tiger Task Force«, ringt der Regierung die Gründung einer schlagkräftigen Behörde ab. Seit Anfang 2008 ist das »Wildlife Crime Control Bureau« offiziell tätig. Seine wichtigsten Aufgaben: Die

↑ → Amna Nala

großen Geschäftemacher des illegalen Handels hinter Schloss und Riegel zu bringen und Verstöße gegen das Wildnisschutz-Gesetz durch wirksame Kontrollen vor Ort zu verhindern.

Dort, wo es darauf ankommt, Frieden zu stiften zwischen den letzten 1400 Tigern und den rund 1500 Dörfern in der Nachbarschaft der Reservate, ist mit schnellen Erfolgen am wenigsten zu rechnen. An Konzepten, an Lösungen fehlt es der Task Force nicht, auch nicht an Modellprojekten. Aber gute Absichten in den Alltag zu übersetzen, staatliche Hilfe richtig zu dosieren, am Schreibtisch geborene Ideen auf das Maß der gelebten Wirklichkeit zuzuschneiden, ist noch nie einfach gewesen.

So bleibt das Programm der Task Force vorläufig ein Versprechen auf die Zukunft. In erster Linie besteht es aus einer langen Liste mit vielen Punkten: Manche Siedlungen sollen verpflanzt werden. Menschen sollen entschädigt werden dafür, dass sie den Dschungel nicht mehr nutzen. Dorfbewohner sollen als Helfer in den Reservaten Arbeit bekommen. Die dschungelkundigen Jäger wandernder Stämme sollen zu Wildschützern gewendet werden. Gemeinden rings um die Schutzgebiete sollen an den touristischen Einnahmen beteiligt werden. Die Zahl der Wächter in den Reservaten soll aufgestockt, ihre Ausrüstung soll verbessert werden. Ehe die Tiger Task Force die ersten Erledigt-Häkchen neben ihre Punkte setzen kann, dürften ein paar Jahre vergehen.

Doch nicht überall muss bei null angefangen werden. Es gibt schon heute Reservate, in denen einige der neuen Pläne bereits zur Routine gehören, wo sich in den Gemeinden allmählich herumspricht, dass Tiger lebendig mehr wert sind als tot. Bandhavgarh Tiger Reserve ist ein solches Gebiet.
Hier in Madhya Pradesh kann es sich für die Bewohner entlegener Landstriche lohnen, Tiger als Nachbarn zu dulden. Der Staat gilt als der waldreichste des Landes, gehört wirtschaftlich aber zu den ärmsten. Arbeitsplätze und Einnahmequellen sind rar. Diese Bedingungen haben es zwei Männern womöglich leichter gemacht, in den unmittelbar an das Reservat grenzenden Gemeinden von den Vorteilen des Tigerschutzes zu überzeugen. Ihre Motivation: Beide sind Wildlife-Menschen, jeder nach seiner Natur.

Eher schöngeistig ist der Field Director Aseem Shrivastava, Chef des Reservats samt der Forstabteilung. Eigentlich ist er ein leidenschaftlicher Schmetterlingsexperte. Aber er weiß, dass die schönen Gaukler von einer Landschaft profitieren, die unter der Schirmherrschaft der Tiger steht. Die großen Katzen sind Indikatoren eines intakten Ökosystems. Wo sie florieren, wo ein Dschungel sich diese teuren Kostgänger leisten kann, muss es allen Gliedern der Nahrungskette gut gehen.

Eher spät berufen: der Inhaber der »Nature Heritage Lodge« in Tala, Rajvardhan Sharma, ein erfolgreicher Finanzfachmann aus Agra. Vor 16 Jahren ist er als Tourist zum ersten Mal nach Bandhavgarh gekommen und hat sich, so sagt er selbst, in die Tiger verliebt. (Siehe Kap. 2, S. 50) Wie es in solchen Fällen passieren kann: Sharma entschloss sich zu bleiben, um fortan für die schönen Katzen zu leben und bei ihrer Rettung zu helfen, so gut er kann.

Shrivastava und Sharma wissen, dass sie mit Worten allein niemanden überzeugen. Beide reden durch ihre Taten, jeder auf seinem Feld.

Der Reservats-Chef schafft mit der Autorität seines Amtes den Rahmen. Weitgehend unsichtbar für Touristen durchstreifen Patrouillen Tag und Nacht das rund 700 Quadratkilometer große Kerngebiet des Reservats. 534 Männer, größtenteils aus den Gemeinden ringsum, und 30 bewaffnete ehemalige Armeeangehörige sind im Einsatz gegen Tiger-Jäger. Allein ihre Anwesenheit zeigt, dass die Regierung wacht, sich kümmert, dass die Wildnis kein rechtsfreier Raum ist, sondern eine unter dem Schutz des Staates stehende Zuflucht.

Amna Nala ← Sehra Meadow ←

Chakradhara Meadow ↑

↑ Maingate

→ Raj Bhera

↘ Chakradhara Meadow

Die Tiger-Wächter, deren Gehälter aus dem Budget des Field Directors und aus Fördermitteln fließen, tragen diese Botschaften heim, verbreiten sie in den Gemeinden. So wird Tag für Tag gewährleistet, dass nicht nur die gestreiften Katzen halbwegs sicher sind vor Wilderern. Auch Huftiere, Bäume, Waldprodukte verschwinden nun nicht mehr in großen Mengen aus dem Dschungel.

Sharma steuert bei, wofür der Etat der Forstabteilung nicht reicht, aus monatlich abgezweigten Hoteleinnahmen und aus Spenden. Mit Mitteln der von ihm gegründeten Organisation »Tiger Guards« und des britischen Vereins »Friends of Conservation«, deren indischer Repräsentant er ist, stiftet er zum Beispiel 534 Paar Schuhe, ebenso viele warme Jacken zum Schutz vor dem Gefrierpunkt nahen Temperaturen der Wintermonate, Decken, Schlafsäcke, Taschenlampen samt Batterien und Solarlampen für die 60 Schutzhütten im Reservat. 200 Fahrräder und vier Motorräder sind angeschafft worden, damit die Wächter nicht zu Fuß gehen müssen. Außerdem hat Sharma seine alten Kontakte zu einem Industriellen genutzt: Dieser hat den Patrouillen ein paar Geländewagen geschenkt, damit sie überhaupt eine Chance haben, die gut ausgerüsteten Wilderer zu verfolgen.

Aber Sharma unterstützt nicht nur sein eigenes Lieblingsprojekt, den Tigerschutz. Das Wohl der Katzen, sagt er, »ist abhängig von der Einstellung der Dorfbewohner. Profitieren sie davon, dass Bandhavgarh ein Tigerreservat ist

und viele Touristen anzieht, denken sie pro Tiger.« Also muss er seine Nachbarn an den erwirtschafteten Gewinnen beteiligen, so seine Logik.

In Tala hat er die Schule wieder aufbauen lassen und die Arbeiten monatelang selbst überwacht. Er versorgt die Klassen regelmäßig mit Lehrbüchern, Heften, mit Zeichenblöcken und Stiften aus seiner Heimatstadt Agra. Er hat dafür gesorgt, dass ein zentraler Brunnen in der Ortschaft gebohrt und eine medizinische Versorgungsstation eingerichtet worden ist, samt Rettungswagen.

Holen sich die Tiger von den Feldern jenseits der Reservatsgrenze das eine oder andere Rind, entschädigt die Regierung den Besitzer für seinen Verlust. Dagegen: Für Wiederkäuer, die in der Kernzone des Schutzgebiets von den Raubkatzen gerissen werden, ist in Shrivastavas Budget kein Geld vorgesehen. Wo bliebe da der Erziehungseffekt? Die Anwohner sollen lernen: Das Reservat ist tabu.

Aber Raj Sharma zahlt auch denen für ihren Verlust, die ihn selber heraufbeschworen haben. Menschen, deren Existenz durch Tiger ruiniert wird, das wäre die falsche Botschaft, argumentiert er. Letztes Jahr hat er einem Ziegenbesitzer dessen Herde von 20 Tieren ersetzt, die von einem Ausflug ins Reservat nicht wiederkehrten.

Langfristig, so der Field Director, »müssen wir die Menschen vom Dschungel unabhängig machen«. Ein nächster Schritt dahin: 400 Gasanschlüsse in den Dörfern und Kocher, die mit besonders geringem Verbrauch hohe Temperaturen erzeugen. Zugleich erlässt Shrivastava die Anordnung, dass in den Puffergebieten nur noch so viel Holz gesammelt werden darf, wie ein Mensch auf dem Rücken davontragen kann. Hohe Drahtzäune sollen verhindern, dass die Tiger die Dörfer unsicher machen und dass die noch im Park lebenden Dorfbewohner ihr Vieh, wie bisher, in den Wald laufen lassen. Nicht nur in der Landschaft will Shrivastava die Grenzen zwischen Reservat und Gemeindeweide deutlich machen, sagt er, auch in den Köpfen der Menschen.

Weil aber die Regierung den Angehörigen verschiedener Stämme vor Jahren gewisse Nutzungsrechte eingeräumt hat, »steht ihnen ein Ersatz zu, wenn wir sie aus dem Reservat verdrängen. Am besten«, so hat es sich der Field Director überlegt, »würden wir den Menschen ihre Rechte abkaufen – mit einem monatlichen Betrag.« Dann wären sie endlich in der Lage, für das zu zahlen, was sie zum Leben brauchen. Obendrein, das ist ein weiterer Vorteil in Shrivastavas klug ausgedachtem Plan, obendrein hätten die Empfänger der Entschädigung täglich viele Stunden Zeit, die sie sonst sammelnd im Wald verbringen. Sie könnten Arbeiten annehmen – die Frauen in den Lodges, die Männer als Wächter im Reservat – und sich noch einiges hinzuverdienen.

Doch vorläufig ist diese Tiger-Pacht nur eine Idee, eine weitere Währung, aber eine, mit der die indische Regierung rasch demonstrieren könnte, was ihr die florierende Tigerpopulation in Bandhavgarh wert ist.

↑ Barra Gufa

→ Badhaini

↑ → Chakradhara Meadow

→ Bathan Road

↑ Photographer's Point

→ Chakradhara Meadow

↑ Ghiraiya

→ Chakradhara Meadow

↘ Barra Gufa

↑ Siddh Baba
→ Barra Gufa

↑ → Sita Mandap

↑ → Sita Mandap

Bathan Road ←

Thoree ↘

Aus dem Notizbuch des Fotografen

↑ Chakradhara Meadow

→ Gopalpur

Im Dschungel Indiens zu fotografieren kann viel Schweiß kosten. Nicht weil es besonders anstrengend wäre – das ist es auch –, sondern weil die Temperatur ab April und erst recht kurz vor dem Monsun auf 45 Grad Celsius ansteigt. Die Vegetation hat mit der Hitze genauso zu kämpfen wie die Tiere. Das Kronendach der Wälder ist gelichtet. Das Gras ist fahl und niedergedrückt, und nur an wenigen Stellen gibt es noch Wasser. Im offenen Jeep schlägt einem der heiße Fahrtwind ins Gesicht. Das Gute an all diesen Nachteilen: Zu dieser Zeit sind die Indischen Tiger am besten zu sehen.

Entdeckt man einen Tiger, dann liegt er gewöhnlich im Schatten. Wo auch sonst? Aber der Fotograf muss selbstverständlich im Jeep sitzen bleiben, in der Sonne ausharren und auf sein Motiv warten. Auf der Plattform des Reit-Elefanten ist es nicht besser, nur anders. Wegen der Ausrüstung fehlt es ständig an Platz, man schaukelt bei jedem Schritt des Elefanten. Und im steilen Gelände ist man froh, wenn die Ausrüstung auf dem Elefanten bleibt.

Auch das Fotografieren selber gestaltet sich schwierig. Der gewohnte Ablauf: Dreibeinstativ auspacken, Objektiv fixieren, und los geht es, bringt hier nichts. Nur mit einem Einbeinstativ, einem Bohnensack oder aus der Hand kommt der Fotograf zu brauchbaren Bildern der Raubkatzen.

Wäre da nicht auch noch die Hitze! Es ist nicht gerade eine Freude, bei den herrschenden Temperaturen eine sich in der Sonne aufheizende Kamera mit einem 600-Millimeter-Teleobjektiv in der Hand zu halten, die wenigstens dank Bildstabilisierung zu scharfen Fotos führt.

Wegen der Hitze sind die Tiger fast nur frühmorgens und spätabends unterwegs. Also sind hohe ISO-Werte gefragt. Wie gut, dass die heutige Digitaltechnik auch mit hohen ISO-Zahlen gute Abbildungsqualität liefert. Sollte es doch einmal zu dunkel sein, weil das Blätterdach die Sonne erst spät durchlässt, kann man auch einen Blitz zur Aufhellung insbesondere der Augen des Tieres zu Hilfe nehmen. Andererseits hat es, finde ich, auch seinen Reiz, wenn die Tiere mit ihrem flackernden Fell aus dem Halbdunkel leuchten.

Die reizvollsten Aufnahmen bieten wohl die heißen Monate April bis Juni. Die meisten Bäume haben zu dieser Zeit frische grüne Blätter – ein starker Kontrast zum trocknen Gras. Im Dezember/Januar dagegen hängt der Frühnebel länger in den Tälern, denn nachts fallen die Temperaturen bis fast zum Gefrierpunkt. Morgens werden mystische Landschaften von Sonnenstrahlen durchflutet. In diesen Monaten ist die Fellzeichnung der Tiger besonders ausgeprägt. Da der Park so viele verschiedene Landschaftsformen zu bieten hat, ist eigentlich jede Zeit im Jahr eine Reise wert. Allerdings bleibt das Tigerreservat zwischen Juni und September geschlossen: Monsunzeit und Schonzeit für Mensch und Tier.

Ich fotografiere mit vollformatigen Canon-Gehäusen. Sie haben genug Reserven, um manchmal sogar noch einen Ausschnitt aus dem Bild zu nehmen. Zudem bietet ein Vollformatsucher ein klareres und besseres Sucherbild, auch bei schlechten Lichtverhältnissen. Denn Lichtmangel ist nicht selten. Lichtstarke Objektive bringen da entscheidende Vorteile. Es muss nicht immer ein langes, schweres Teleobjektiv sein. Viele Aufnahmen kann man schon mit einem 70–200-Millimeter-Objektiv machen. Besonders dann, wenn die Tiere des Dschungels sich nahe am Wege aufhalten oder diesen sogar benutzen, weil sie darauf rascher vorankommen. Die meisten sind zutraulich – eine Folge des jahrzehntelangen Schutzes. Das gilt besonders für die in großen Familien auftretenden Hanuman-Languren. Man muss ihnen fast buchstäblich über den Schwanz fahren, damit sie überhaupt zur Seite gehen. Der Dank ist ein forscher Blick des Affen.

Zoomobjektive bieten den Vorteil, dass der Fotograf sich wechselnden Verhältnissen auch vom Auto aus schnell anpassen kann. Denn Aussteigen ist strikt verboten, und ein Auto wendet man auch nicht in einer Sekunde. Besonders nicht, wenn das Fahrzeug inmitten einer Reihe von 20 Jeeps feststeckt und der Weg nur einspurig befahrbar ist.

Neben der Hitze verursacht auch der Staub erhebliche Probleme. Objektivwechsel sollte man daher möglichst vermeiden. Staub auf dem Sensorchip der Kameras bedeutet, dass man die Fotos zu Hause am Computer stundenlang ausflecken muss. Wenige Objektivwechsel und guter Schutz vor Staub sind da die halbe Miete!

Immer dann, wenn ein Tiger gesichtet worden ist, herrscht meistens ein dementsprechend reger Verkehr. Alle Wagen stürmen herbei, um ganz vornan zu stehen. Da oft in der Hauptsaison 25 bis 40 Jeeps das enge Wegenetz befahren, bleibt man meistens nicht lange allein. Bewegt sich das Tier, bewegen sich auch die Jeeps, um hinterherzukommen. Dann liegt mehr aufgewirbelter Staub in der Luft, als für die Fotos und die Ausrüstung gut ist.

→ Amna Nala

Auf einem Elefanten ist es nicht viel besser, weil der gelegentlich versucht, ein Staubbad zu nehmen oder seinen Magensaft hervorwürgt, um sich mit seinem Rüssel einzusprühen und dadurch Kühlung zu verschaffen. Der klebrige Verdauungssaft sollte besser nicht auf die Linsen der Objektive geraten.

Trotzdem: Die Begegnung mit der Raubkatze entschädigt für alle Mühe und Schwierigkeiten.

Was macht für mich den Reiz der Tierfotografie aus? Jedes Mal ist die Begegnung mit einem Tier wie dem Indischen Tiger für mich ein besonderer Moment. Ich sehe Verhaltensweisen und fange mit der Kamera besondere Momente ein, um sie anderen Menschen zu zeigen. Mit der Kamera fühle ich mich wie ein Jäger. Zwischen dem Tier und meinem Objektiv ist keine Barriere. Als Fotograf steht man dem Objekt seiner Faszination Auge in Auge gegenüber. Den magischen Blick eines Tigers vergisst niemand, der einmal von seinen Augen fixiert worden ist. Ich empfinde keine Angst, sondern Respekt vor der größten Raubkatze der Welt.

Oft kommen die großen Räuber beinahe tollpatschig und gar nicht majestätisch daher. Aber das kann sich innerhalb einer Sekunde ändern. Alle scheinbare Schläfrigkeit fällt von ihnen ab. Mit einem blitzartigen Sprung überwinden Tiger große Distanzen.

Die große Raubkatze übt nicht nur auf Fotografen und Filmer eine große Anziehungskraft aus. Die vielen Besucher des Tigerreservats kommen nur um der gestreiften Katze willen. Andere Tierarten des Bandhavgarh-Nationalparks scheinen die meisten Touristen nicht besonders zu interessieren. Doch lohnt es sich, auch die seltenen Rothunde, den Lippenbären, die immer sehr ausdrucksstarken Hanuman-Languren und die zahlreichen Axishirsche zu sehen, um nur einige zu nennen. Die Vogelwelt hat ebenfalls viel zu bieten: Eisvögel, Sittiche, Greifvögel oder verschiedene Eulenarten, die alle aus geringer Distanz zu bewundern sind.

Wo und wann man die Tiere mit Sicherheit antrifft, ist schwer zu sagen. Gewässer und beliebte Wildwechsel sind recht sichere Garanten, aber auf Alarmschreie der Tiere zu hören oder die Spuren zu lesen führt eher zum Erfolg. Führer und Fahrer sind meist in diesen Fähigkeiten perfekt geschult und geben sich alle Mühe, beim Aufspüren einzelner Arten behilflich zu sein. Der Fotograf muss dann nur noch sein Foto machen!

Meinen ersten Besuch in Bandhavgarh verdanke ich meinem Fotografenkollegen David Jenkins. Schon lange war ich auf der Suche gewesen nach einer Möglichkeit, Tigern in der Wildnis zu begegnen, sie in ihrer angestammten Heimat, in ihrer natürlichen Umgebung zu fotografieren. Und tatsächlich sind die Bedingungen so günstig, wie er sie beschrieben hat – was die Tiger betrifft, aber auch, was meine Arbeit angeht. Hier habe ich vielen Tigern im Laufe meiner zahlreichen Besuche sehr nahe kommen können. Ich war Zeuge, wie Tigermütter ihre Jungen trainieren, ich habe zugesehen, wie die Kleinen spielen, wie die ausgewachsenen Paschas Revierstreitigkeiten austragen.

Die Stunden, in denen ich geduldig auf eine gute Fotomöglichkeit gewartet habe – zusammen mit den Fahrern, den Guides, den Mahuts – kann ich gar

nicht zählen. Manchmal kündigte sich das Kommen des Tigers in den Alarmschreien eines Hirschs oder eines Affen an. Wenn der Tiger dann aus dem dichten Buschwerk oder aus dem hohen Gras hervorkommt, ist der Fotograf gefragt. Im Glücksfall ist das Licht gerade richtig. Das ausdrucksvolle Raubtiergesicht erscheint im Sucher. Der Auslöser kann betätigt werden. Aber was macht die Katze? Sie würdigt uns keines Blickes, sondern verschwindet so diskret, wie sie gekommen ist.

Amna Nala ← Jurjuhra ←
Amna Nala ↑

→ Chakradhara Meadow

↑ Ghora Demon

→ Amna Nala Tower

Trotzdem ist es mir im Laufe einiger Jahre gelungen, die großen Katzen rahmenfüllend vor die Kamera zu bekommen.

Mit meinen Fotos aus dem Leben der Tiger möchte ich möglichst viele Menschen mit meiner Begeisterung und meiner Bewunderung für die prächtigen Raubkatzen anstecken. Vielleicht inspirieren meine Bilder sie dazu, ebenfalls nach Indien zu fahren und über die biologische Vielfalt von Bandhavgarh zu staunen. Denn die schöne Großkatze ist bedroht wie nie zuvor, ihre Populationen schwinden. Angeblich leben heute in ganz Indien weniger als 1500 Tiere.

Es gibt viele Möglichkeiten, sich aktiv für die Erhaltung der Tiger einzusetzen (siehe Seite 179). Lokale Projekte unterstützen vielfach die ansässige Bevölkerung. Daneben fördert der Tiger-Tourismus die Infrastruktur der ländlichen Region. Es entstehen Jobs, weil kleine Läden und Handwerksbetriebe gegründet werden.

Bei meinen Besuchen in Bandhavgarh denke ich oft darüber nach, was wir künftigen Generationen hinterlassen und wie wir durch unser heutiges Tun dazu beitragen können, dass möglichst viele Wildnisgebiete und deren Bewohner erhalten bleiben. Für mich ist es unvorstellbar, dass wir es nicht schaffen sollten, die letzten Tiger zu schützen und ihnen ein artgemäßes Leben zu sichern. Ich hoffe, meine Fotos und die Worte von Uta Henschel tragen dazu bei, dass wir ein bisschen mehr über unsere Umwelt nachdenken und vielleicht ein paar Kleinigkeiten ändern.

Ein paar technische Anmerkungen und Tipps zum Fotografieren im Tiger Reserve:
Als praktisch haben sich Bohnensack und Einbeinstativ bewährt. Damit ist man schnell und flexibel. Außerdem scheint mir ein staubdichter Beutel unentbehrlich, um die Ausrüstung geschützt, aber ständig parat zu haben. Noch besser sind zwei Beutel, damit man zwei schussbereite Kameras mit aufgesetzten Objektiven unterschiedlicher Brennweite zur Verfügung hat. Die freundlichen Guides vom Forest Department helfen beim Halten der Ausrüstung oder auch beim Objektivwechsel, wenn es einmal schnell gehen muss.

Wer vorhat, sich einen eigenen Reit-Elefanten zu leisten, um Gebiete des Reservats fern der Wege aufzusuchen, tut gut daran, einen Karabiner samt Reepschnur mitzunehmen, um seinen Fotorucksack auf dem Elefantensattel, einer einfachen Holzplattform, sicher zu befestigen.

Folgendes digitales Canon Equipment habe ich über mehrere Jahre hinweg eingesetzt:

Kameras:	Canon EOS 1DS MKIII
	EOS 1DS MKII
	EOS 1D MKIII
	EOS 5D
Objektive:	EF 16–35 mm / 2,8 L
	EF 24–70 mm / 2,8 L
	TS-E 24 mm / 3,5 L
	EF 50 mm / 1,2 L
	EF 70–200 mm / 2,8 L IS
	EF 100–400 mm 4,5–5,6 L IS
	EF 300 mm / 2,8 L IS
	EF 400 mm / 4,0 DO IS
	EF 500 mm / 4,0 L IS
	EF 600 mm / 4,0 L IS
Telekonverter:	1,4 x und 2,0 x
Blitze:	550 EX und 580 EX.

Folgende technische Hilfsmittel waren oft unentbehrlich:
Bohnensack Marke S. Weber, faltbare Sonnenblenden von Rainer Burzynski, Monostat Einbeinstativ XL Ausführung mit Manfrotto Neiger, Fotorucksäcke von ThinkTank, SanDisk Speicherkarten, Laptop Apple Powerbook und mobile Rugged-Festplatten von LaCie.

↑ → Amna Nala

→ Siddh Baba

↑ Charanganga

→ Jurjuhra

→ Gopalpur

↑ Gopalpur

→ Jamari

↑ Bhitri Meadow

→ Chakradhara Meadow

→ Amna Nala

↑ Jamunia ↑ Gopalpur
→ Amna Nala → Churbhera

↑ Chadkradhara

→ Gopalpur

↑ Jamari

→ Ghora Demon

Indiens »Projekt Tiger«-Reservate

Vor 25 Jahren war Indien ein Vorbild

»Project Tiger« hieß das Programm, mit dem das Land 1973 eine historische Anstrengung unternahm, seine gestreiften Katzen zu retten.

Zu diesem Zeitpunkt existierten in ganz Indien, laut einer damaligen Zählung, nicht mehr als 1827 Tiger. Um den Schwund zu stoppen, begründete die indische Regierung unter ihrer Premierministerin Indira Gandhi sogenannte Tiger Reserves.

Diese Gebiete umfassen biogeografisch charakteristische Wildnisse mit besonders geschützten Kernzonen, die jeweils mindestens 300 Quadratkilometer groß sind.

Jede menschliche Nutzung ist darin verboten. Unter diesen Voraussetzungen, so die Hoffnung, würden die Tiger sich wieder vermehren und stabile Populationen bilden. Die ersten ausgewählten Gebiete (in der Karte unterstrichen) umfassten insgesamt 13 017 Quadratkilometer.

Dennoch steht es heute schlechter um die Tiger als je zuvor

Zwar ist die Fläche der Reservate auf 37 761 Quadratkilometer angewachsen, ihre Zahl bis 2006 auf etwa 30 gestiegen (siehe Karte). Die Zahl der in ihnen lebenden Tiger aber ist, entgegen dem, was jahrelang offiziell bekannt gegeben wurde, geringer als bei der Gründung von »Project Tiger« im Jahr 1973. Dem jüngsten, nach wissenschaftlichen Regeln durchgeführten Zensus zufolge existieren nur noch 1 411 Tiger in ganz Indien.

Der Grund dafür: Wilderei, Handel mit Tigerfellen und Knochen, Raubbau an den Ressourcen der Natur, zu wenig Personal in den Schutzgebieten, schlecht ausgebildete und unzulänglich ausgerüstete Ranger, Missmanagement.

In den letzten drei Jahren hat die indische Regierung abermals Maßnahmen beschlossen und Mittel bereitgestellt. Noch immer geht es darum, die Nutzung und damit die Nutzer aus den Wäldern zu verbannen, in denen Tiger überleben sollen. Die menschlichen Anwohner und Bewohner der Reservate, die mit den Tigern um diesen Lebensraum konkurrieren, brauchen Alternativen: neue Dörfer, neue Äcker, neue Möglichkeiten, außerhalb der Reservate ihren Lebensunterhalt zu verdienen (siehe Kapitel 3, Seite 96).

Um Tiger außerhalb der existierenden Schutzgebiete zu erhalten, sind seit 2007 auf einen Schlag mehrere neue Reservate gegründet worden.

Die Geburt des Tigerreservats Bandhavgarh

Lange Zeit galten die Dschungel Bandhavgarhs als »Shikargah« – das heißt, sie waren reserviert für die Jagd der Maharadschas von Rewa. Erst 1968 ist dort ein 105 Quadratkilometer großer Nationalpark gegründet worden. Allerdings umfasste er lediglich die Region Tala. Erst seit Bandhavgarh 1982 als Kandidat für »Project Tiger« ins Auge gefasst wurde, ist das Schutzgebiet erweitert worden, zunächst um die an den Nationalpark angrenzenden Regionen Khitauli, Magdhi and Kallawah. Damit war das Areal auf 448 Quadratkilometer angewachsen. Mit der offiziellen Ernennung zum Tigerreservat im Jahr 1993 kamen erhebliche Flächen dazu: das Panpatha-Schutzgebiet und eine Pufferzone von 437 Quadratkilometern. Seitdem hat Bandhavgarh seine vorläufig endgültigen Ausmaße erreicht: Die Kernzone ist 694 Quadratkilometer groß, das Gesamtreservat umfasst 1162 Quadratkilometer.

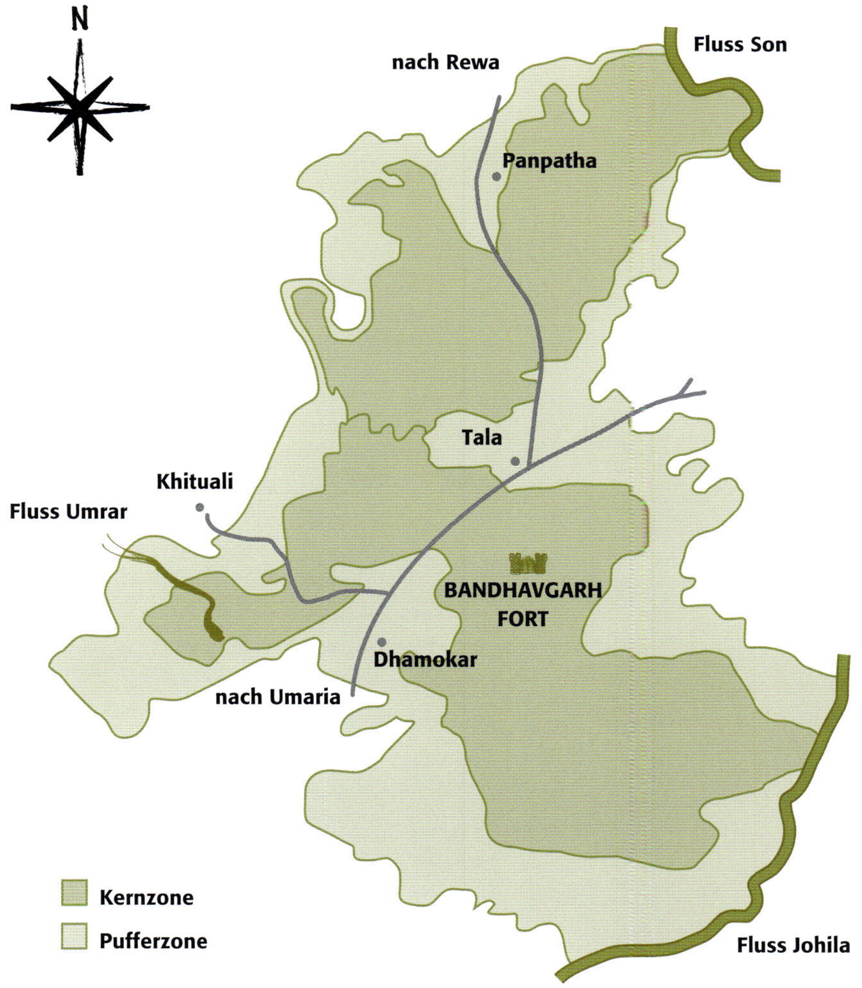

Tigerterritorien im Tala-Gebiet

Die Grundbesitzer von Tala

Woran erkennt man ein Territorium? Wer in Tala unterwegs ist, dem meistbesuchten Gebiet des Tigerreservats von Bandhavgarh, wird vergeblich danach Ausschau halten. Nirgendwo ist eine Grenzmarkierung zu sehen. Hier und da fallen vielleicht ein paar lang gezogene Kratzer auf, hoch an einem Baumstamm. Dennoch wissen Tiger genau, dass diese Signatur einer Pfote eine Grundstücksgrenze markiert.

Wie hat sich diese Idee von Landeigentum in den Köpfen von Tieren entwickeln können? Wie ist es möglich, dass Tiger sich nicht nur als Grundbesitzer fühlen, sondern auch so aufführen? Sie patrouillieren entlang der Grenzen ihres Territoriums, sie markieren die Grenzen zum Beispiel mit Kratzern und Duftspuren wie Urin. Sie vertreiben Rivalen von ihrem Land und kämpfen sogar darum, wenn es sein muss. Und schließlich hinterlassen sie den Besitz sogar ihren Nachkommen. Einige Quadratkilometer Dschungel mit den dort regelmäßig weidenden Huftieren und mehreren Wasserstellen werden von Tigerinnen an ihre Töchter vererbt. So bleibt das Territorium in der Familie. So kommt es, dass die Kinder und Kindeskinder des berühmten Paars CHARGER und SITA in Tala zur besitzenden Klasse gehören.

Wer mit wem verwandt ist im Tiger-Clan

Sieben Tigerinnen teilen das Land unter sich auf. Das begehrteste Stück Grundbesitz ist die Chakradhara-Wiese, die SITAS Tochter gehört.

Die MAHAMAN-, die JURJUHARA- und die CHURBHERA-Tigerin sind allesamt Töchter der CHAKRADHARA-Tigerin mit dem dominanten Tiger B2. Die AMNA NALA-Tigerin ist eine Schwester der CHAKRADHARA-Tigerin und stammt wie diese aus der Verbindung von SITA und CHARGER; die MIRCHANI-TIGERIN ist AMNA NALAS Tochter. SUKHI PATIA ist aus der Paarung der RAJ BHERA-Tigerin mit B3 hervorgegangen, dem früh umgekommenen Bruder von B2.

Männliche Tiger ringen um die Macht

Die Territorien männlicher Tiger sind um ein Vielfaches größer als die der Tigerinnen und umfassen die weiblichen Wohnräume, so wie ein Haus mehrere Zimmer umschließt. Noch ist B2 der Chef in Tala. Ihm gehört das größere Territorium mitsamt der Chakradhara-Wiese. Aber BOKHA, sein Neffe, wagt sich immer häufiger auf den Grundbesitz seines Onkels. Er gilt bei den Tigerexperten vor Ort als B2s Nachfolger.

↑ Chakradhara Meadow
→ Jamunia

↑ Chadkradhara

→ Churbhera

Tigerverbreitung um 1900 und heute

Die Meister der Anpassung

Einst sind Tiger in ganz Eurasien zu Hause gewesen. Noch vor 100 Jahren reichte ihr Lebensraum von der Osttürkei über Zentralasien bis nach China; von der äquatorialen Glut Javas und Balis bis hinauf ins eisige Sibirien. Tiger verkraften extrem unterschiedliche klimatische und geografische Bedingungen. Sie passen sich an die herrschenden lokalen Verhältnisse an – was sich in ihrem Aussehen widerspiegelt. Je nach Region sind sie unterschiedlich groß, unterschiedlich gefärbt und sogar etwas unterschiedlich gebaut. Das hat Taxonomen zunächst dazu veranlasst, die Tiger neun Unterarten zuzuordnen. Heute geht man jedoch davon aus, dass sämtliche Tiger der Erde einer einzigen Art, *Panthera tigris*, angehören. Trotzdem kann selbst in ein und derselben Population das Erscheinungsbild von Individuum zu Individuum stark schwanken. Das Verbreitungsgebiet der großen gestreiften Katzen ist mittlerweile auf fünf Prozent seiner ehemaligen Ausdehnung geschrumpft.

Tigerschutz – was können wir tun?

Kapitel 3 beschreibt, was nötig ist, um Indiens Tiger zu erhalten: Sie brauchen Totalreservate, Lebensräume, in denen sie nicht mit Menschen um die Ressourcen des Dschungels rivalisieren. In den Pufferzonen, die diese Kernzonen umschließen, sind nicht destruktive Formen von Landnutzung zulässig. Zugleich können hier Jungtiger während ihrer Wanderphase umherstreifen, bis ein Territorium für sie frei wird.

Tiger brauchen Lebensräume, die abgekoppelt sind von einer sich am Markt orientierenden Wirtschaft. Außerdem brauchen sie offizielle Unterstützung – sowohl global wie regional – und aktiven Schutz.

Was so lapidar klingt, bedeutet für Indien gewaltige Anstrengungen.

Wer dem Land dabei helfen möchte, seine Tiger zu retten, kann sich an den Projekten einer internationalen oder regionalen Organisation beteiligen.

Es folgen Adressen von Naturschutzorganisationen, deren Arbeit Sie mit Spenden unterstützen können.

Internationale Organisationen:
Wildlife Conservation Society (WCS), New York, U.S.A. → ***www.wcs.org***
PANTHERA Foundation, London → ***www.panthera-foundation.org***
World Wide Fund for Nature (WWF) → ***www.panda.org***

Wenn Sie lieber direkt helfen wollen, können Sie auch **Organisationen** unterstützen, die gezielt **lokale Projekte** fördern:

Madhya Pradesh Tiger Foundation Society, India, Stichwort »Tiger Guards«
→ ***http://www.forest.mp.gov.in/wildlife.html***
Friends of Conservation, London, Stichwort »Bandhavgarh«
→ ***http://www.foc-uk.com/india_wild.asp***

Rarität aus Bandhavgarh

Weiße Tiger sind in Indiens Wildnissen sehr selten. Aus den letzten 100 Jahren existieren nur etwa ein Dutzend Beobachtungen. Man schätzt, dass ein solches Farbspiel in der Natur nur alle 10 000 Geburten einmal auftritt.

Um die Existenz dieser Tiere, deren Schönheit etwas Gespenstisches hat, ranken sich Mythen. Manchen Indern gelten sie als Botschafter aus dem Totenreich. Von anderen werden sie als übernatürliche Wesenheiten verehrt. Meist jedoch werden sie gejagt.

Auch MOHAN, der Stammvater aller heute in Zoos, Wildparks und im Privatbesitz gehaltenen weißen Tiger, ist 1951 als Jungtier gefangen worden. Shri Martand Singh, der Maharadscha von Rewa, entdeckte ihn auf der Jagd in Bandhavgarhs Dschungel, hielt ihn in einen goldenen Käfig und gab ihm, als er herangewachsen war, immer wieder Gelegenheit, sich fortzupflanzen. Mit einer seiner Töchter zeugte MOHAN schließlich den ersten weißen Wurf. Von dieser Gründergeneration stammen alle gezüchteten weißen Tiger ab.

Diese Tiere sind keine eigene Unterart und auch keine echten Albinos, sondern das Ergebnis einer Farbmutation. Ihrem Fell fehlen lediglich die dunklen Pigmente. So entsteht ein cremiger Grundton, der auf das sogenannte »Chinchilla«-Gen zurückgeht. Auch die Streifen sind entsprechend heller, nämlich braun statt schwarz, die Augen leuchtend blau. Die Nasenhaut ist rosa. Auch »überpigmentierte« Katzen kommen gelegentlich auf die Welt. Im dunkel gefärbten Fell dieser »schwarzen Tiger« sind die Streifen so gut wie unsichtbar.

Weltweit existieren mittlerweile einige 100 weiße Tiger. Zu besichtigen sind sie zum Beispiel im Safari-Park Stukenbrock, Deutschland
→ *www.safaripark-stukenbrock.de*

↑ → Raj Bhera

Bilderklärungen

1 | Fauchen gehört zum Handwerk

Der zweieinhalbjährige Sohn des dominanten Paschas B2 zeigt seine Waffen. Die dolchspitzen Fangzähne sind nun mächtig genug, ihn zu ernähren.

2, 3 | Ohne Show keine Bräute

Ein indischer Pfauenhahn, *Pavo cristatus*, prunkt mit seinem Schweif. Je größer und makelloser, desto attraktiver: Hennen lassen sich nur mit dem Prächtigsten ein.

4, 5 | Zwischen den Brauen wacht das dritte Auge

Der Punkt signalisiert den Sitz der Weisheit. In roter Farbe wird das Bindi traditionell von verheirateten Frauen getragen.

6, 7 | Jeder Tiger trägt ein eigenes Gesicht

Einmalige Muster aus schwarzen Markierungen im braun-weiß geflammten Fell geben jeder Katze ihren eigenwilligen Ausdruck. Die weiche Halskrause verrät den künftigen Mann.

8, 9 | Der Gott Hanuman in Affengestalt

Indische Languren, *Semnopithecus entellus*, auch nach dem hinduistischen Gott Hanuman benannt, streifen in Harems- oder Junggesellengruppen durch den Dschungel.

10 | Der Mächtigste im Dschungel von Tala

B2, der Sohn MAHAMANS, des Fremden, und der kämpferischen MOHINI, patrouilliert auf einem ausgetretenen Wildpfad durch eine Wiese seines Besitzes.

12, 13 | Alt wie der Urkontinent Gondwana

Die Tafelberge des Tigerreservats von Bandhavgarh reichen zurück in die Zeit, als Indien noch nicht zu Eurasien gehörte.

14 | Die grauen Eminenzen des Reservats

In Talas Trainingscamps werden Asiatische Elefanten, *Elephas maximus*, ausgebildet. Auf plattformartigen Sätteln können Touristen die Tiere »reiten« und so abgelegene Teile des Dschungels besuchen.

16 | Nicht nur Regen kommt von oben

Hanuman-Languren sind reine Pflanzenfresser. Ihre Weiden sind die Baumwipfel. Zwei warten nach einem Schauer auf die Früchte, die ihren Artgenossen beim Pflücken aus den Fingern gleiten.

18, 19 | Ohne Huftiere keine Tiger

Vor allem Axishirsche, aber auch Muntjaks, Sambarhirsche und Wildschweine gehören zu den Grundnahrungsmitteln der großen Katzen. Wo ihre Beute zahlreich gedeiht, geht es den gestreiften Raubtieren gut.

20 | Mit 17 Monaten noch nicht selbstständig

Junge Raubtiere haben lange Lehrzeiten. Zweieinhalb Jahre sind sie abhängig vom Schutz durch den Vater, während ihre Mutter sie ernährt und in der Kunst des Jagens schult.

21 li. | Bauwerke vergangener Glorie

Im 12. Jahrhundert herrschten von Bandhavgarh aus die Könige von Baghela. Tempel wie der Ram Mandir erinnern an die bis 1600 bestehende Dynastie.

21 re. | Steinerne Legenden

Verborgen im Dschungel verwittern alte Denkmäler. Es sind Bilder mythischer Ereignisse und Wesenheiten wie Elefanten, Affen und Göttern.

22,23 | Nachwuchs in der Jamuniha-Schlucht

Heimatkunde gehört zum Pflichtpensum jedes Jungtigers. Um auch bei schlechtem Licht erfolgreich zu jagen, muss der Sohn der CHURBHERA-TIGERIN sich im mütterlichen Territorium auskennen.

24 li. | Durch Bandhavgarhs Dschungel flutet die Sonne

Wie muskulöse Pflanzenpythons umschlingen Gulhari-Lianen, *Spatholobus roxburghii*, die Salbäume, *Shorea robusta*.

24 re. | Reiche Ernte in den Kronen

Hanuman-Languren sind reine Pflanzenfresser. In Bandhavgarhs artenreichen Wäldern reift für die geschickten Kletterer immer eine Mahlzeit aus Früchten oder Blättern.

25 li. | Die scharfen Augen verbirgt der Lidstrich

Smaragdspint, *Merops orientalis*, jagen stechende Insekten im Flug. Bevor sie die Beute hinunterschlingen, entfernen sie den Stachel, indem sie die Kerbtiere mit dem Hinterleib gegen einen Ast schlagen.

25 re. | Tarnung ist der halbe Erfolg

Starr wie Standbilder lauern Fischuhus, *Ketupa zeylonensis*, im Geäst. Ihr bevorzugtes Jagdgebiet ist der langsam fließende Charanganga.

26 | Der Spezialist für Kriechtiere

Schlangenweihen, *Spilornis cheela*, können sich aus einem reichen Angebot bedienen. Sie warten nahe bei Felsen, um Reptilien zu fangen, die sich in der Sonne aufwärmen.

27 | Der Star B2 und seine Fans

Bandhavgarhs Tiger reagieren lässig auf den Andrang neugieriger Besucher. Das Reservat hat genug Rückzugsräume neben den Wegen, die kein Jeep je erreicht.

28, 29 | Die gestreiften Katzen lieben Wasser

Nur Territorien mit Badesee und Tränke – wie die Raj Bhera-Wiese – sind für Tiger etwas wert. Sie brauchen das kühlende Nass, um die heißen Sommermonate zu ertragen.

30 | Morgennebel erfrischt Pflanzen und Tiere

Bei Bathan treffen alle Touristenrouten im Reservat zusammen. Das lang gestreckte Wiesental schwingt sich wie ein gelb-grüner Strom an den Säumen des Dschungels entlang.

31 li. | Sein Gebell verrät versteckte Tiger

Mit ihren 20 Kilogramm Gewicht gehören Muntjaks, *Muntiacus muntjak*, selbst nicht zur Lieblingsbeute der großen Raubkatzen. Aber ihr weit hallender Alarmruf rettet manch größerem Huftier das Leben.

31 re. | Für Aasfresser fällt immer etwas ab

Von den Hängen des 800 Meter hohen Bandhaini segeln die Dünnschnabelgeier, *Gyps indicus*, zur Chakradhara-Wiese hinab. Geduldig warten sie darauf, dass die Raubtiere ihnen einen »Kill« servieren.

32 | Badevergnügen für Pelztiere

Stundenlang schwelgt die JURJUHARA-TIGERIN mit ihrer 13 Monate alten Tochter in einem Pool, der zu ihrem Territorium gehört.

33 li. | Wie geschaffen für die Jäger der Dunkelheit

Bandhavgarhs Felsformationen bieten fünf Fledermausarten eine große Auswahl an Höhlen. Hier verschlafen sie den Tag, um in der Dämmerung auszufliegen.

33 re. | Höhlen für viele Zwecke

Wo einst die Maharadschas von Rewa herrschten, sind viele Räume in die Felsen der Bandhavgarh-Berge geschlagen worden. Sie dienten als Ställe, Lager, Andachtsräume und Eremitagen frommer Asketen.

34 | Bandhavgarhs Wiesen ernähren viele Huftiere

An mehreren Stellen im Park sind Bäche aufgestaut worden. Der höhere Wasserspiegel kommt den Pflanzen zugute. Davon profitieren die Hirsche, die zu großen Gruppen angewachsen sind und ihrerseits viele Tiger satt machen.

35 li. | Keine Scheu vor Menschen

Rhesusaffen, *Macaca mulatta*, laufen vor Jeeps nicht davon. Allenfalls springen die vorsichtigen Weibchen mit ihren Babys am Bauch mit ein paar Sätzen in die Bäume.

35 re. | Keine Scheu vor Menschen

siehe 35 li.

36 | Sie suchen Sicherheit in der Menge

Weil viele Augen viel sehen, gelingt es den aufmerksamen Axishirschen, *Axis axis*, immer wieder, einen heranschleichenden Tiger rechtzeitig zu entdecken.

37 | Noch hofft der Beutegreifer …

B2, der dominante Tigermann des Tala-Gebiets, duckt sich ins Gras. Sobald die Hirsche Gras zupfen, schleicht er vorwärts. Schauen sie in seine Richtung, erstarrt er.

38, 39 | Der Bambus tarnt den Räuber

Tiger haben viele Strategien. Die Verfolgungsjagd gehört nicht dazu. Lieber warten sie geduldig, zum Beispiel nahe bei der Wasserstelle von Gopalpur.

40 | Talas Täler nehmen ein Bad im Morgennebel

Höhenunterschiede von etwa 400 Metern trennen Tafelberge, Schluchten, Wälder und Wiesen des Bandhavgarh-Reservats.

41 | Der Jäger der kleinen Häppchen

Bengalfüchse, *Vulpes bengalensis*, fressen den großen Katzen nichts weg. Die Hundeartigen begnügen sich mit Heuschrecken, Mäusen, Vogeleiern und Beeren.

42 | Der Dschungel umfängt ein Heiligtum

Am Fuß des berühmten Bandhavgarh-Forts schläft der Gott Vishnu neben einem Wasserbassin. Zu Füßen des Steinbilds entspringt der Charanganga.

43 | Wo viel Wasser ist, sind viele Tiger

Bandhavgarh ist berühmt unter allen Reservaten Indiens für die hohe Zahl seiner gestreiften Katzen. Der Grund: Auch im Sommer führen die Teiche und Flüsse genug Wasser.

44, 45 | Bei jedem Licht anders: Talas Tafelberge

Fast bis auf die Plateaus hinauf wachsen die Wälder des Tigerreservats. Nur wo die Felshänge senkrecht ins Tal stürzen, fehlt die weiche Pflanzendecke.

46 | Fressen macht durstig

Der 17 Monate alte Tiger hat seine Beute ins Gebüsch gezerrt und trinkt in vollen Zügen. Danach wird er mit neuem Appetit zu seiner Mahlzeit zurückkehren.

47 | Quelle des Lebens im Reservat

Die Vielfalt der Tier- und Pflanzenarten in Tala nährt sich von Flüssen wie dem Charanganga. Sie trocknen auch in den Sommermonaten nicht aus.

48 | Tigeraugen sehen mehr

Ihre großen runden Pupillen lassen viel Helligkeit zu den Rezeptoren – und eine reflektierende Schicht verstärkt das geringe Licht der Dämmerung. So entgeht der JURJUHARA-Tigerin nichts bei ihrem Beutezug in der Dämmerung.

49 | Schrille Chöre begrüßen den Tag

Die Sonne schwingt sich über den Rand eines der berühmten Tafelberge von Bandhavgarh. Bald wird sie den Dunst aus den Wiesen brennen. Nur in den tiefsten Schluchten wird es kühl bleiben.

50, 51 | Schlechte Laune beim Erwachen

In den von Bächen durchflossenen Grasdickichten der Chakradhara-Wiese schlafen die Raubkatzen am liebsten. Diese 18 Monate alte Tigerin ruhte dicht am Weg und ist von einem Jeep aufgespürt worden.

52 | Der Wald nährt Bandhavgarhs Vielfalt

Axishirsche, *Axis axis*, und Hanuman-Languren, *Semnopithecus entellus*, fressen oft gemeinsam unter den Kronen, wenn die Bäume reiche Früchte tragen.

53 li. | Nebel tränkt die Vegetation

Nachts kriechen Nebelschwaden aus den Gewässern und tränken die Vegetation. Wo das Kronendach die Kühle bewahrt, verfangen sich die weißen Fetzen bis nach Sonnenaufgang.

53 re. | Auch große Katzen spielen gern Fangen

Keck nutzt der Tiger die Vorzüge des Terrains, um von oben in einen Hohlweg hineinzuschauen, auf die Insassen eines Jeeps. Dieser Youngster hat – mehr aus Versehen – schon zwei Menschen im Reservat getötet.

54 | Drei Tiger haben Tala unter sich aufgeteilt

Am Südrand drängt MAGADHI nach Tala hinein. Aber so lange B2, der Mächtigste, und BOKHA, der Zweitmächtigste ihren Besitz verteidigen, muss der Fremde sich klein machen.

55 | Ein schneller Sprinter

Goldschakale, *Canis aureus*, gelten als Aasfresser, weil sie sich gelegentlich vom »Kill« anderer Räuber bedienen. Aber eigentlich sind sie Jäger, die im Rudel auch größere Beute erlegen – etwa junge Axishirsche.

56 | Von Tigern unterdrückte Konkurrenz

Niemand weiß genau, ob Rothunde, *Cuon alpinus*, aus Tala verdrängt worden sind oder sich nur gut versteckt halten. So zierlich sie sind, eine Gruppe bringt sogar ausgewachsene Sambarhirsche zur Strecke.

57 | Grundnahrungsmittel für Tiger

Was Tiger vor allem brauchen, um stabile Populationen zu bilden, ist große Beute. Axishirsche mit ihren 55 bis 100 Kilogramm lohnen die Mühe der Jagd. Denn erfolgreich sind die gestreiften Katzen nur bei jedem zehnten bis zwanzigsten Versuch.

58, 59 | Tigerinnen sind hingebungsvolle Mütter

Die CHURBHERA-Tigerin behält ihre vier Monate alten Jungen – der Schwanz des zweiten schaut hinter dem Stamm hervor – dicht bei sich. Noch versteckt sie die Kleinen in den entlegensten Dickichten ihres Territoriums.

60 | Tiger duschen nicht

Die großen gestreiften Katzen können in vielen Klimazonen leben – vorausgesetzt, es gibt genug Wasser. Tränken allein genügen nicht. Die Raubtiere brauchen geräumige Gewässer, um im Sommer viele Stunden darin zu verbringen.

61 | Wie zu Maharadschas Zeiten

Reit-Elefanten überwinden abseits vom Weg sumpfiges Gelände und steile Bergpfade. Ein Ritt auf dem plattformartigen Sattel gehört zu den ursprünglichsten Erlebnissen in Bandhavgarh.

62 | Tiger verschlingen 35 Kilogramm bei einem Mahl

Danach wird die Beute im dichten Gebüsch versteckt. Von diesem Axishirsch ist nur noch wenig übrig. Mit den Schneidezähnen werden die letzten Fleischreste von den Knochen geschabt.

63 | Auf der Suche nach Beute oder Unterhaltung

Im Territorium seiner Mutter darf ein 14 Monate alter Jungtiger schon mal allein umherstreifen und seine Schleichtalente erproben.

64 | Die Pflichten eines Grundbesitzers

Regelmäßig muss der mächtige B2 die Grenzen seines Territoriums besuchen und markieren. Jeder, der das Terrain quert, soll erfahren, wer hier wohnt.

65 | Nichtstun füllt den Tigeralltag aus

Ruhende Tiger sparen Energie. So können sie in den heißen Sommermonaten mit weniger Beute auskommen.

67 | Düfte verraten viel über ein Individuum

Territoriumsbesitzer besprühen die Vegetation ihres Eigentums mit Urin, der Duftstoffe, sogenannte Pheromone, enthält. Tiger erfahren aus dem Geruch, wie alt und fit der Sprayer ist – und welches Geschlecht er hat.

68 | Zum Markieren gehört viel Saft

Besitzer großer Territorien, wie B2 einer ist, müssen reichlich Urin und Botenstoffe produzieren, um ihre persönlichen Landansprüche durch eifriges Sprühen bekannt zu machen.

69 li. | Abendrot färbt die Gräser

Auf dem Plateau von Ghora Demon liegt der harte Fels dicht unter der Oberfläche. Hier finden Baumwurzeln schwer Halt. Selbst die Gräser haben nicht alle Kuppen erobert.

69 re. | Jeder Schritt hinterlässt eine unsichtbare Spur

Zwischen den Zehen der Tiger befinden sich Drüsen, die ständig Duftstoffe abgeben. Wo immer die Katzen unterwegs sind, können Artgenossen ihnen auf die Spur kommen.

70, 71 | Langurenjagd ist nur etwas für Jungtiger

Der einjährige Sohn der SUKHI PATIA-Tigerin kann der Verlockung nicht widerstehen. Spielend lernt er, dass Dauerlauf nichts für *Panthera tigris* ist.

73 | Der Stellvertreter wittert seine Chance

BOKHA, der zweite Tiger in Tala, erkennt an der Markierung von B2, dass die Kräfte des Alpha nachlassen. Im Reservat rechnen die Tigerexperten mit einem Machtwechsel.

74 | Bandhavgarhs Flüsse speisen den Ganges

Mehr als 20 Flüsse entspringen im Reservat oder durchqueren es. Sie fließen dem Son zu, dem Nebenfluss des Ganges. Ihre unterirdischen Adern versorgen die Vegetation während der dürren Sommermonate.

75 | Nicht ganz ernst, aber auch kein Spaß

Im gut bewachten Tala ist der Jagddruck durch Wilderer minimal. Die dominanten Tiger gehen seitdem freundlicher miteinander um. BOKHA, der wohl demnächst Chef im Reservat wird, erteilt dem am Boden liegenden Jungtiger nur eine Lektion.

76, 77 | Eine heile Familie

Mit 21 Monaten hängen Jungtiger noch immer sehr an ihrer Mutter. In der letzten gemeinsamen Zeit erhalten Tochter und Sohn der JURJUHARA-TIGERIN jagdtechnisch den letzten Schliff.

78 | Wildtiere nutzen die Forstwege

Hanuman-Languren leben in einer Welt von Feinden. Sie bevorzugen Routen, auf denen sie weit sehen können – und wo fahrende Jeeps die Räuber in Schach halten.

79 | Im Monsun sprießt der Kopfschmuck

Sambarhirsche, *Cervus unicolor*, sind die begehrteste Beute der Tiger. Mit nur einem vernichtenden Sprung gewinnen die Katzen bis zu 300 Kilogramm. Mehr Erfolg haben die Räuber jedoch mit den zahlreichen Axishirschen (links, versteckt), ihrem Grundnahrungsmittel.

80 | Im letzten Moment gelingt die Flucht
Beinahe wäre die Attacke eines Jungtigers gelungen. Aber der Warnruf eines wachsamen Artgenossen hat diesem Axishirsch das Leben gerettet.

81 | Die hohe Kunst der Lautlosigkeit
Selbst im dürren Laub setzen Tiger ihre Pfoten so sensibel auf, dass kein Rascheln sie verrät. Beim Anschleichen vertrauen die Katzen ihrem hoch entwickelten Tastsinn.

82 li. | Badefreuden für graue Riesen
An seichten Stellen des Amna Nala-Flusses, wo das Wasser von der Sonne temperiert ist, werden die Reit-Elefanten des Reservats täglich von ihren Mahuts gebadet.

82 re. | Badefreuden für graue Riesen
siehe 82 li.

83 li. | Trainingsstunden im Elefantencamp
Es dauert Jahre, bis ein junger Elefant ausgebildet ist. Er muss lernen, jedem Befehl seines Lenkers, des Mahut, aufs Wort zu gehorchen, wenn sie Tiger im Gelände auskundschaften.

83 re. | Trainingsstunden im Elefantencamp
siehe 83 li.

84, 85 | Auf dem Weg ins Versteck
In den ersten Monaten ihres Lebens haben junge Tiger viele Feinde. Selbst kleinere Raubtiere können ihnen gefährlich werden. Das Gebiet von Tala ist reich an Höhlen, in denen Tigermütter ihre hilflosen Kleinen verbergen.

86 | Auf die Mahlzeit folgt ein Bad
Ein Junges der CHURBHERA-Tigerin entfernt die Blutspuren eines toten Sambarhirschs aus seinem Fell.

87 | Mittagsruhe am Fluss
Während der heißen Stunden des Tages ziehen die Katzen sich in den Wald zurück. Die AMNA NALA-TIGERIN legt sich demonstrativ hin, um die Unternehmungslust ihres Kindes zu dämpfen.

88 | Lichte Dschungel bieten Vielfalt
Wo das Kronendach der Wälder Sonnenlicht durchlässt, gedeihen viele Pflanzenarten. Sie wiederum sind die Basis für die Fülle der Tierspezies, die in Bandhavgarh auf engem Raum vorkommen.

89 | Auf der luftigen Sonnenbank
Hanuman-Languren genießen die ersten warmen Strahlen. Die kühlen Nächte verbringen sie eng aneinandergeschmiegt in den Bäumen.

90, 91 | Tiger jagen aus dem Hinterhalt
Ihre tödlichste Waffe ist die Überraschung. Meist überfallen sie ihre Beute von hinten, damit die Huftiere nicht mit den scharfen Hufen nach ihnen ausschlagen können.

92 | Trinken ist nötig, aber gefährlich
Rhesusaffen, *Macaca mulatta*, schauen lange in die Runde, ehe sie sich über eine Tränke beugen. In solchen Augenblicken sind sie wehrlos gegen Angriffe. Daher lauern Tiger oft nahe bei Wasserstellen.

93 | An den Tränken des Dschungels
Ein dichtes Geäder von Bächen, Flüssen und Teichen macht Bandhavgarh attraktiv für Tiger. Die Katzen müssen nicht täglich fressen, wohl aber trinken.

94 | Tiger teilen nicht gern

So lautet die Regel. Und sie gilt besonders für den Nachwuchs. Die Kleinen »verteidigen« ihren Platz an der Beute – in diesem Fall ein Sambarhirsch – sogar gegen die Mutter, die das Wildbret serviert hat. Tolerant lässt sie sich solche Temperamentsausbrüche gefallen.

95 | Tiger teilen nicht gern

siehe 94

96, 97 | Allein, aber niemals einsam

Die Territoriumsbesitzer von Tala kennen einander nicht nur als Nachbarn. Sie sind auch alle miteinander versippt. Rings um die CHURBHERA-Tigerin wohnen ihre Mutter, Tante und Schwestern.

98 | Sambarhirsche waten stundenlang im Wasser

Die Huftiere schätzen nicht nur die Abkühlung. Auch die weichen Wasserpflanzen sind für die Vegetationsfresser eine Delikatesse.

99 li. | Räuber und Beute schätzen das Dickicht

Salbäume, *Shorea robusta*, und Bambus, *Dendrocalamus strictus*, bilden das Grundgerüst des Dschungels von Bandhavgarh. Sie bieten den Huftieren ebenso wie den Tigern viele Möglichkeiten, sich zu verbergen.

99 re. | Menschen und Tiger sind Nachbarn

Dicht entlang der Grenze des Reservats von Bandhavgarh und sogar mitten darin existieren Dörfer. Oft lassen die Bewohner ihr Vieh im Wald weiden. Dann konkurriert es mit den Beutetieren des Tigers um Futter.

100, 101 | Auf dem Weg zum Abendkurs

Die Tochter der CHAKRADHARA-Tigerin steigt vom Fort herab. In der Dämmerung wird sie ihre Mutter auf die Jagd begleiten, um sich von deren Jagdstrategien etwas abzugucken.

103 | Tigershow auf der Chakradhara-Wiese

Entdecken Wildhüter einen Tiger in der Nähe des Weges, rufen sie Reit-Elefanten herbei. Auf ihren hölzernen Sätteln werden Touristen im Fünf-Minuten-Takt zu der Katze transportiert, die sich die Show gelassen gefallen lässt.

104 | Das Grasland von Bathan erwacht

Der Nebel steigt nachts aus den Gewässern und Sümpfen an Land. In den frühen Morgenstunden ist die Vegetation in weiße Schleier gehüllt, die von der Sonne aufgesogen werden.

105 | Grenzgänger zwischen Nacht und Tag

In den Sümpfen der Raj Bhera-Wiese versammeln sich zur Morgen- und Abenddämmerung Gruppen verschiedener Huftiere. Grund genug für den jungen Tiger, sich dort ebenfalls einzufinden.

106 li. | Reiche Ernte in den Kronen

Die Vielfalt der fruchtenden Baumarten in Bandhavgarh bietet zu jeder Jahreszeit Nahrung – für Vögel wie die verbreiteten Halsbandsittiche, *Psittacula krameri*, ebenso wie für Rhesusaffen, *Macaca mulatta*.

106 re. | Reiche Ernte in den Kronen

siehe 160 li.

107 li. | In Tala wimmelt es von Tigern

Ladenfassaden und Wandbilder in der Ortschaft am Eingang zum meistbesuchten Teil des Reservats sind mit Tigerbildern geschmückt. Sie künden von einer Lebenskultur, in deren Alltag die schönen Katzen stets eine wichtige Rolle gespielt haben.

107 re. | In Tala wimmelt es von Tigern

siehe 107 li.

108 | Im Geleitschutz der Mutter
Kleine Tiger wie dieses dreimonatige Junge dürfen nirgendwo allein hingehen. Trotz des mütterlichen Schutzes überlebt ein Drittel aller Neugeborenen das erste Jahr nicht.

109 li. | Versuchung auf vier Hufen
Bauern am Rand des Reservats gehen ein hohes Risiko ein, wenn sie ihre Rinder am Waldrand weiden lassen. Die Haustiere haben verlernt, sich gegen Tiger zu wehren – für die Katzen ein gefundenes Fressen.

109 re. | Mütter jagen für den Nachwuchs
Die CHURBHERA-Tigerin schleppt eine Beute ins Gebüsch, damit die Familie ungestört fressen kann. Die Zähne des viermonatigen Jungen sind zu schwach, um das Fell des Kadavers aufzureißen. Die Mutter muss ihm das Fleisch »zubereiten«.

110 | Kein Reit-Elefant fürchtet die Tiger
Oft verlassen sich die Mahuts auf das Gespür ihrer Tiere, wenn sie auf Tigersuche gehen. Dabei bahnen sich die starken Grauen mit dem Rüssel einen Weg durch den Dschungel. ...

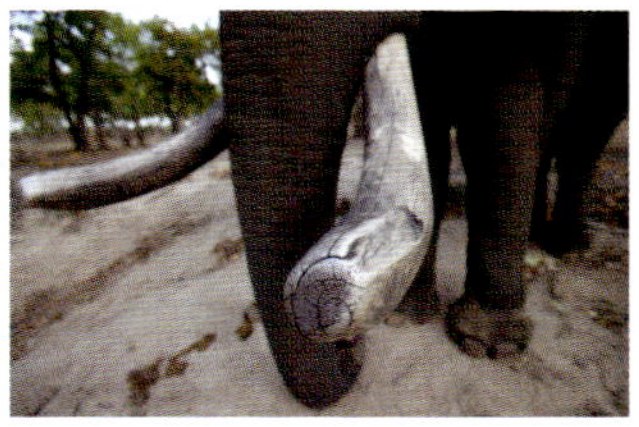

111 | Kein Reit-Elefant fürchtet die Tiger
... Ihre breiten Füße mit den kräftigen Zehen finden selbst auf den steilen Abhängen sicheren Halt.

112 li. | Kuschelstunde bei großen Katzen
Mit 15 Monaten ist die Tochter der AMNA NALA-TIGERIN körperlich fast erwachsen, aber noch immer sehr verspielt.

112 re. | Auch bei sozialen Tieren gibt es mal Streit
Goldschakale, *Canis aureus*, profitieren von der Nähe menschlicher Siedlungen. Geschickt stehlen sie Nahrung aus den Dörfern und fetzen sich, wenn es um die Verteilung geht.

113 | Seltener Kindersegen
Vier Junge pro Wurf sind keine Seltenheit, wohl aber, dass sie alle groß werden. Die CHAKRADHARA-Tigerin hat das wasser- und beutereichste Territorium im Tala und daher wenig Mühe, alle Kinder satt zu bekommen.

114 li. | Ein Dorado für Vögel
Bandhavgarh mit seinen Quellen, Teichen, Sümpfen und Flüssen bietet gefiederten Arten ideale Bedingungen für die Brut – etwa dem Silberreiher, *Casmerodius albus*. ...

114 re. | Ein Dorado für Vögel
... Andere wie der Rotlappenkiebitz, *Vanellus indicus*, verbringen hier den Winter.

115 | Geschwister gehen auf Distanz
Je älter die Jungen eines Wurfs werden, umso heftiger wird die Rivalität. Bald muss jeder Jungtiger auf Wanderschaft gehen, weil Tala nicht genug Platz hat, allen Nachkommen der sieben Tigerinnen ein Territorium zu bieten.

116, 117 | Schützer der Seinen, Schrecken der Fremden
Der mächtige B2 erkundet sein Territorium. An prominenten Plätzen hinterlässt er etwas von sich – Urin, Kot, Kratzspuren – als Zeichen seines Anspruchs.

118 | Zwei Leckerbissen auf dem Menü der Tiger
Tiger sind nicht heikel. Ökologen können heute mit Sicherheit sagen, was die gestreiften Katzen brauchen, um stabile Populationen zu bilden: Genug Huftiere – wie Sambarhirsche und Wildschweine –, um sich und ihren Nachwuchs durchzubringen.

119 | Zwei Leckerbissen auf dem Menü der Tiger
siehe 118

120 | Jägerin zu Wasser und zu Land

Rohrkatzen, *Felis chaus*, sind tagsüber unterwegs – wahrscheinlich, um den Tigern aus dem Weg zu gehen. Die kleinen Verwandten mit dem geringelten Schwanz und den Luchsohren schwimmen gut und tauchen sogar nach Beute.

121 | Jäger mit schwarzer Augenbinde

Von einem Ansitz aus stoßen Raubwürger, *Lanius meridionalis,* auf ihre Beute nieder. Während der Balz legen sie Vorräte aus Insekten und Echsen an, die sie auf Dornen spießen, um damit ihre Partnerin zu beeindrucken.

122, 123 | Ein Flackern im Laub, mehr nicht

Die gestreiften Katzen nutzen die Vegetation, um mit dem Hintergrund zu verschmelzen. Dennoch wechselt die JURJUHARA-Tigerin immer wieder ihre Verstecke, damit sich die Beutetiere die Lauerplätze nicht merken.

124 | Photographer's Point – ein Muss für Fotografen

Die ersten Strahlen der aufgehenden Sonne wecken die Farben im Reservat.

125 | Chakradhara Meadow

Mit rundem Bauch kehrt ein fast erwachsener Jungtiger von seinem nächtlichen Beutezug zurück. Jetzt sucht er nach einem Platz zum Schlafen und Verdauen.

126 | Herzhaft gelangweilt

Für behütete Jungtiger ist manchmal nicht genug los im Reservat. Der Sohn der CHAKRADHARA-TIGERIN ist im besten Territorium aufgewachsen. Hunger kennt er nicht. Angst auch nicht, denn sein Vater ist der Chef im Land.

127 | Der Bär aus dem Dschungelbuch

Bhalu ist das Hindi-Wort für Lippenbär, *Melursus ursinus*. Als »Baloo« hat ihn Rudyard Kipling in seinem Buch über Mowgli unsterblich gemacht. Die Einheimischen fürchten Bären ob ihrer unberechenbaren Agressivität weit mehr als die Tiger.

128, 129 | Ein großer Räuber kleiner Beute

Lippenbären sind anatomisch darauf spezialisiert, sich von Insekten zu ernähren – hauptsächlich von Termiten. Hat er einen Bau aufgebrochen, stülpt der Bär die unbehaarten Lippen vor, kneift die Nasenlöcher zusammen und lässt seine lange Zunge durch eine Lücke in den Vorderzähnen In einen Gang schnellen.

130 | Mit der Nacht erwacht der Appetit

Auf dem Höhepunkt des Sommers und der Trockenheit verstecken sich die gestreiften Jäger mit Vorliebe neben einem Wasserloch. Sie wissen: Ihre Beute muss irgendwann unweigerlich zur Tränke kommen.

131 | Tiger mit Sinn für Kultur

Kühle Steinhöhlen gehören während der Sommermonate zu den Lieblingsplätzen der gestreiften Katzen. Alte Heiligtümer wie dieses teilen Tiger sogar mit Fledermäusen.

132 | Sita Mandap, wo Sita Hochzeit hielt

Der Name soll vermutlich an die Göttin Sita erinnern und an ihre Hochzeit mit Rama. Aber im Reservat gilt der Platz als Denkmal der Tigerin SITA, der Stamm-Mutter der heutigen Tigerpopulation.

133 | Sita Mandap

Die Schlucht, aus der B2, der Chef von Tala, emporsteigt, endet in einem Felsbad.

134 | Leben von der Hand in den Mund

Blüten, die konzentrierten Nektar liefern, sind für Hanuman-Languren, *Semnopithecus entellus*, ein Festessen. ...

135 | Leben von der Hand in den Mund

... Die Blätterfresser gleichen den geringen Nährwert ihrer Standardkost durch lange Ruhepausen aus. Dann können Mütter ihren Nachwuchs ungestört säugen.

136, 137 | Wie aus dem Ei gepellt

Mit 13 Monaten beherrscht eine junge Tigerin perfekt die Fellpflege. Besonders das Gesicht, das beim Fressen durch die Körperflüssigkeiten der Opfer verklebt, muss gründlich gesäubert werden.

138,139 | Tiger schätzen die Forstwege

Die großen Katzen strengen sich nicht unnötig an. Statt querfeldein durch den Dschungel zu gehen, schlendern sie die ebenen Sandstraßen entlang. Sehr zur Freude der Wildhüter, die so ihrer Fährte folgen können.

140 | Die leere Drohung einer wütenden Katze

Ein Reit-Elefant hat die CHAKRADHARA-Tigerin bei ihrem Morgenschlaf gestört. Manche der grauen Riesen haben Spaß daran, einen Tiger durch Trompeten und Grasausreißen zu provozieren.

141 | Raritäten von Tala

Ein Alpha-Paar der stark bedrohten Rothunde, *Cuon alpinus*, teilt eine spielerische Laune. Sie allein erzeugen den Nachwuchs eines Rudels. Aber an dessen Aufzucht beteiligen sich alle Mitglieder.

142, 143 | Feierabend eines Elefanten

Nach dem Bad dürfen die Reit-Elefanten eine Weile ohne Last im Dschungel umherlaufen und sich frisches Grün aus den Bäumen und Büschen reißen.

144 li. | Bloß nicht allein zurückbleiben

Mit drei Monaten muss ein junger Tiger sich mächtig anstrengen, um beim Tempo der Mutter mitzuhalten. Immer wieder wartet die AMNA NALA-TIGERIN geduldig auf ihr tollpatschiges Kind.

144 re. | Salbäume wachsen langsam

Das Holz der berühmten Salwälder, *Shorea robusta*, von Bandhavgarh ist extrem hart. Die stabilen Stämme müssen nicht nur die eigene Krone tragen, sondern oft auch die schwere Last der Lianen.

145 | Familienausflug durchs eigene Revier

Vor allem durch Nachahmung lernen Jungtiger von ihrer Mutter. Geländekunde ist täglich Hauptfach, sobald die Jungen kräftig genug sind, die Tigerin überallhin zu begleiten.

146, 147 | Einzelgänger auf der Suche nach Zweisamkeit

Zwischen Mai und Juli werden Lippenbären, *Melursus ursinus*, plötzlich gesellig. Dann sind die scheuen Tiere auch tagsüber häufiger zu sehen.

148 | Besucher sind Luft für diesen Tiger

Wenn ihm ein Jeep auf dem Weg entgegenkommt, lässt B2 sich nichts anmerken. Der Chef in Tala geht einfach weiter und versucht, den Wagen zu übersehen. Buchstäblich im letzten Augenblick weicht er seitlich aus und würdigt die Menschen im Wagen keines Blickes.

149 | Wächter über seinen Clan

Im gemauerten Wachturm bei Amna Nala hält ein Hanuman-Langur Ausschau nach Gefahr. Unter ihm turnen die Mitglieder seiner Gruppe durch die Wipfel.

150 | Tiger sind starke Schwimmer

Eine junge Tigerin, die Tochter der AMNA NALA, tollt ausgelassen in einem der Teiche und paddelt von Ufer zu Ufer. ...

151 | Tiger sind starke Schwimmer

... Für die touristischen Zuschauer hat sie nur ein kindliches Fauchen übrig.

152, 153 | Ruheplatz mit Aussicht

Die gestreiften Katzen lieben erhöhte Punkte im Gelände. Verborgen durch die Vegetation, sehen die CHURBHERA-Tigerin und ihre vier Monate alten Jungen alles, was um sie herum vorgeht – ohne selbst gesehen zu werden.

154 | Ein gefiedertes Juwel

An einem Flusslauf späht der Braunliest, *Halcyon smyrnensis*, nach Fischen. Entdeckt er eine Beute, stürzt er sich kopfunter ins Wasser.

155 | Nur in der Herde sind die Kleinen sicher

Am Abend treten die Axishirsche aus dem Dunkel des Walds. Dieses Kitz ist noch so klein, dass es für jeden Räuber in Tala als Beute in Frage kommt.

156, 157 | Ein Rothund, *Cuon alpinus*, wittert Beute

Im Rudel reißt der Hetzjäger auch große Tiere nieder, etwa Sambarhirsche und Wildschweine. Meist führt der Alpha eine Viererbande an. Gewöhnlich beißt er auch als Erster zu, trägt also das höhere Risiko, verletzt zu werden.

158 | Aller Saft sitzt in den Wurzelstöcken

Während der heißen Monate scheint alles Leben aus den Bambusdickichten, *Dendrocalamus strictus*, zu weichen. Sie sehen aus wie gelbe Gespenster. Die Rohre klappern vor Trockenheit.

159 | Mehr unsicher als angriffslustig

Noch fehlt dem Gesichtsausdruck des Einjährigen die Strenge des erfahrenen Beutegreifers. Auch das für Tiger typische Selbstbewusstsein stellt sich erst später ein.

160 | Selbst Zubeißen will gelernt sein

Erst wenn die Milchzähne zwischen dem zwölften und 18. Lebensmonat durch härtere Werkzeuge ersetzt werden, können Jungtiger Fleisch von den Knochen scheren. Diesen Axishirsch dürfte die Mutter des Halbwüchsigen erlegt haben.

161 | Streit um das Recht auf Paarung

Im Gegensatz zu anderen Hirscharten dulden die Chefs eines Axisrudels auch Geschlechtsgenossen in ihrer Gruppe. Nur wenn es um die weiblichen Tiere geht, endet die Toleranz. Ein Gefecht klärt, wer zeugen darf.

162, 163 | Von Müdigkeit übermannt

So ein 15 Monate alter Tiger wird ununterbrochen gedrillt. Er lernt, indem er zusieht, wie seine Mutter »arbeitet«, und versucht, sie nachzuahmen, so gut es eben geht.

164 li. | Ausgespäht von einer Schar geflügelter Mobber

Falkenkäuze, *Ninox scutulata*, sind echte Nachteulen. Tagsüber ruhen sie bewegungslos in den Baumkronen. Dieser ist von einer wütenden Vogelschar entdeckt worden und wird beschimpft.

164 re. | Dieser Pfau ist eitel wie ein Pfau

Die Bewunderung der zuschauenden Hennen und der Touristen genügt dem Hahn nicht. Selbstverliebt spiegelt er sich in einer aufgestauten Tränke.

165 li. | Alte Bäume, junge Spechte

Wer sich auf Spechtbeobachtungen spezialisieren möchte, findet hier optische Highlights. Etwa den schillernden Orangespecht, *Dinopium benghalense*, der im totholzreichen Dschungel unter vielen Baumhöhlen wählen kann, wo er seine Brut versteckt.

165 re. | Kein Mangel an Nisthöhlen

Wo Bäume eines natürlichen Todes sterben dürfen, entstehen Vogelwiegen. Brahmakäuze, *Athene brama*, nutzen das Angebot und legen bis zu fünf Eier. Dieser kecke Jungvogel hält hungrig Ausschau nach der nächsten Mahlzeit.

166 | Ein Rascheln hat ihr Interesse geweckt

Noch prüft die CHURBHERA-Tigerin, ob sie in einer Gruppe Axishirsche am Waldrand einen Hauptgang für sich und den Nachwuchs entdecken kann. Tigerohren sind hochsensibel und hören Frequenzen bis zu 200 Kilohertz.

167 | Einer behält immer den Kopf oben

Innerhalb einer Gruppe trinkender Axishirsche, *Axis axis*, wacht stets einer für die anderen. Der Teich von Goplapur ist eine der viel besuchten Wasserstellen im Tala-Reservat.

168 | Ein Jungtiger, der seiner Tarnung nicht traut

Offenbar müssen Tiger erst lernen, wie sie die Gold- und Brauntöne des Waldes beim Anschleichen ausnutzen können. Dieser 12 Monate alte Nachwuchs versteckt sich lieber hinter einem Baumstamm.

169 | In den Bäumen sind Languren sicher vor Tigern

Aber nicht vor Leoparden und Greifvögeln. Wenn die Blätter noch nicht entfaltet sind, müssen die Affen auch in den Wipfeln auf der Hut sein. Die Wächter einer Hanuman-Gruppe warnen ihre Artgenossen mit eindeutigen Rufen, die »Tiger«, »Leopard« oder »Greifvogel« bedeuten.

174 | Ein Harem macht nicht nur Freude

Geweihträger wie dieser Axishirsch sind in der Brunftzeit stark gefordert. Nicht nur beim Zeugen. Männer, die sich mehrere Frauen erobert haben, müssen ständig acht geben, dass kein Rivale ihre Bräute deckt.

175 | Geduld ist schon der halbe Erfolg

Versteckt hinter Farnwedeln und im gefleckten Licht nahezu unkenntlich, wartet die CHURBHERA-TIGERIN darauf, dass eine Gruppe von Hirschen näher kommt. Die gestreiften Katzen sind Jäger der kurzen Distanz.

176 | Das schillernde Blau ist eine Warnfarbe

Eisvögel, *Alcedo atthis*, werden offenbar von Räubern eher gemieden. Vermutlich weil ihr Gefieder einen unangenehmen Geschmack hat. Von ihrem Ansitz aus lauern sie auf Fische, die sie durch sogenanntes Stoßtauchen erbeuten.

177 | Wer hoch sitzt, sieht mehr

Hinduracken, *Coracias benghalensis*, gehören zu den prächtigsten Vögeln Bandhavgarhs. Die Flügel sind leuchtend blau und türkis gefärbt. Die Vögel jagen Frösche und Eidechsen, die sie von ihrem erhöhten Sitz aus erspähen.

180 | Rarität aus Bandhavgarh

Weiße Tigerin, acht Jahre alt, aus dem Safaripark Stukenbrock.

182 | Schwimmbad für Tiger

Der künstlich aufgestaute Teich bei der Raj Bhera-Wiese wird von Räubern und Beute gleichermaßen angenommen.

183 | Anschleichen im Wasser, eine neue Taktik

Die JURJUHARA-Tigerin verbindet eine angenehme Erfrischung mit der Möglichkeit, unbemerkt auf eine Gruppe Hirsche zuzutreiben.

196 | Geweckt vom Duft einer Beute

Tief im Elefantengras, *Micanthus sinensis*, hat die CHAKRADHARA-Tigerin den heißen Tag verschlafen. Jetzt richtet sie sich auf, um die interessante Witterung zu prüfen, die mit der Abenddämmerung zu ihr weht.

199 | Ein Muster mit vielen Variationen

Jeder Tiger ist einmalig, die Farben seines Fells, die Kalligrafie der Streifen sind von Tier zu Tier anders. Wissenschaftler vermuten, dass die Streifen ursprünglich aus Flecken entstanden sind, wie sie etwa die Nebelparder tragen.

200 | Sehen und gesehen werden

Touristen sehen öfter einen Tiger, als sie meinen. Die gestreiften Katzen sind perfekt getarnt, von dunklen Ästen und dürrem Laub nur schwer zu unterscheiden. Umgekehrt kann jeder Besucher gewiss sein, so das Versprechen am Eingang zum Reservat, dass die Tiger ihn nicht übersehen.

↑ Chakradhara Meadow

Danksagung

Die Idee für dieses Buch hatte ich schnell. Nur der Weg dahin war lang: sechsmal Bielefeld – Bandhavgarh und zurück. Viele Menschen haben dabei geholfen, dass aus der Idee tatsächlich ein Buch geworden ist.

Mein besonderer Dank gilt meiner Freundin Steffi Weber. Sie hat mich immer wieder in meinen Projekten unterstützt und mir die Kraft zu diesem Buch gegeben. Ihr Optimismus in Indien hat mich oft zum Weitermachen bewogen, ihr künstlerisches Talent hat mich inspiriert. Von ihr stammen einige tolle Fotos und die Zeichnung der Tala Range in diesem Buch.

Alexandra Finke hat neben ihrer Arbeit als Chefin einer eigenen Werbeagentur wieder ein Buch gestaltet, das meinen Bildern grafisch einen wunderbaren Rahmen gibt. Stundenlang hat sie zusammen mit mir am Layout gefeilt und mich immer wieder mit neuen visuellen Ideen überrascht.

Nach unserem ersten gemeinsamen Buch war mir klar: Auch für dieses sollte Uta Henschel die Autorin sein. Sie hat die Gabe, so über Tiere zu schreiben, dass jeder ihre Texte mühelos versteht und gefesselt ist von dem, was sie erzählt. Ich hoffe, dass es nicht unser letztes gemeinsames Projekt ist.

Zu Dank verpflichtet fühle ich mich gegenüber Gerhard Grubbe, dem Geschäftsführer des Bucher Verlags. Unsere Zusammenarbeit ist in den Jahren gewachsen. Wir haben immer offen über Zukunftsprojekte gesprochen und haben frühzeitig dafür gesorgt, dass die gute persönliche Verbindung produktive Bücher hervorbringt. Ihm und sämtlichen mit diesem Buch befassten Mitarbeitern des Bucher Verlags danke ich für ihre freundliche Unterstützung.

Ein großes Dankeschön geht an Christiane Breustedt, Chefredakteurin von GEO International. Sie war begeistert von der gestreiften Katze und hat mir spontan ein Vorwort für dieses Buchprojekt zugesichert.

In Indien selber ist besonders einem Mann zu danken: Raj.
Rajvardhan Sharma, Manager des Nature Heritage Resort, hat mir durch sein Wissen, seine Hilfe und sein Organisationstalent viele Genehmigungen verschafft – und damit die Voraussetzung für viele meiner Bilder. Niemand kennt Tiger so gut wie er, niemand kann so inspirierte, so geheimnisvolle Geschichten über die von ihm geliebten Katzen erzählen.

Außerdem danke ich jenen, die mich wochenlang durch den Park gefahren und mir viele Fotochancen geboten haben: Gemeint sind Bablu, Lala und Pappu, die Fahrer. Für spezielle Genehmigungen danke ich dem Field Director Aseem Shrivastava vom Bandhavgarh Tiger Reserve sowie allen Park Rangern und Mahuts. Für ihr trainiertes Gehör, ihre scharfe Augen beim Fährtenlesen und gelegentliche Aushilfen als fotografische Assistenten habe ich allen Führern vom Forest Department zu danken.

Auch Shalini Shukla ist unentbehrlich gewesen: Durch ihre Organisation sind alle Reisen reibungslos verlaufen, Wünsche wie von ferner Zauberhand gesteuert, in Erfüllung gegangen.

Ich danke dem gesamten Canon-CPS-Team für die immer sehr freundliche Unterstützung und den verlässlichen Service an meinem Fotoequipment.

Ein besonderes Dankeschön an den Safaripark Stukenbrock, besonders an den Geschäftsführer Fritz Wurms und seine Tochter Jeanette, die mir ermöglicht haben, dort weiße Tiger zu fotografieren, die Abkömmlinge jener Linie, die in Bandhavgarh zum ersten Mal gesehen worden ist.

Impressum

Der Fotograf

Thorsten Milse ist ein international bekannter Natur- und Tierfotograf. Mit seinen Fotos von jungen Eisbären (»Kleine Eisbären« im C. J. Bucher Verlag) gewann er den Grand Prize beim amerikanischen Naturfotowettbewerb Nature's Best und einen Preis beim renommierten BBC Wildlife Photographer of the Year. Er veröffentlicht u. a. in Magazinen wie GEO, BBC Wildlife und Illustreret Videnskab. Seine Fotos werden von internationalen Bildagenturen vermarktet und erscheinen weltweit in Büchern und Kalendern.

Die Autorin

Uta Henschel hat deutsche und englische Literatur studiert und schreibt seit 1978 über naturwissenschaftliche Themen. Ihre Schwerpunkte sind Biologie, Evolution und Verhalten. Sie ist Verfasserin mehrerer Bücher. Einzelne ihrer Texte erscheinen regelmäßig in bekannten Zeitschriften wie GEO. Im Jahr 2002 erhielt sie den Publizistik-Preis der Deutschen Stiftung Gesundheit, 2007 wurde sie nominiert für den Henry-Nannen-Preis und mit dem Binding-Preis für Umwelt- und Naturschutz ausgezeichnet.

Bildnachweis

Seite 35 re., 80, 114, 159, 165, 167, 168, 176, 177: © Stephanie Weber
Umschlagklappe: © Prem
Zeichnung Seite 172: © Stephanie Weber
Alle weiteren Zeichnungen: © Alexandra Finke
Alle anderen Bilder stammen von © Thorsten Milse.
Mehr Informationen und Fotos unter www.wildlifephotography.de

Mit freundlicher Unterstützung von
Canon Deutschland GmbH, Professional Imaging

→ Kanoji
↘ Main gate

Alle Angaben dieses Werkes wurden von den Autoren sorgfältig recherchiert und auf den aktuellen Stand gebracht sowie vom Verlag geprüft. Für die Richtigkeit der Angaben kann jedoch keine Haftung übernommen werden.
Für Hinweise und Anregungen sind wir dankbar.
Zuschriften bitte an den:
C. J. Bucher Verlag GmbH
Produktmanagement
Postfach 400209
80702 München
E-Mail: lektorat@bucher-verlag.de

Projektleitung: Gerhard Grubbe
Lektorat: Jörg Melander, Bargteheide
Gestaltung und DTP: Alexandra Finke, Lemgo
Printed and bound in Italy by Printer Trento

Die Deutsche Nationalbibliothek – CIP-Einheitsaufnahme
Ein Titeldatensatz für diese Publikation ist bei der Deutschen Nationalbibliothek erhältlich.

ISBN 978-3-7659-1617-8

Perhaps you may not have seen me,
but Please don't be disappointed.
" I have seen you "